U0303642

国家社科基金后期资助项目

财政竞争与环境污染治理研究

Research on Fiscal Competition and Environmental Pollution Control

王华春　著

图书在版编目（CIP）数据

财政竞争与环境污染治理研究/王华春著．—北京：商务印书馆，2021

ISBN 978-7-100-19397-9

Ⅰ.①财…　Ⅱ.①王…　Ⅲ.①地方财政—关系—环境污染—污染防治—研究—中国　Ⅳ.①X5

中国版本图书馆 CIP 数据核字（2021）第 022284 号

权利保留，侵权必究。

财政竞争与环境污染治理研究

王华春 著

商 务 印 书 馆 出 版

（北京王府井大街 36 号　邮政编码 100710）

商 务 印 书 馆 发 行

北京顶佳世纪印刷有限公司印刷

ISBN 978-7-100-19397-9

2021 年 2 月第 1 版　　开本 710×1000　1/16

2021 年 2 月北京第 1 次印刷　　印张 10

定价：48.00 元

国家社科基金后期资助项目
出版说明

后期资助项目是国家社科基金设立的一类重要项目，旨在鼓励广大社科研究者潜心治学，支持基础研究多出优秀成果。它是经过严格评审，从接近完成的科研成果中遴选立项的。为扩大后期资助项目的影响，更好地推动学术发展，促进成果转化，全国哲学社会科学工作办公室按照“统一设计、统一标识、统一版式、形成系列”的总体要求，组织出版国家社科基金后期资助项目成果。

全国哲学社会科学工作办公室

目　录

第一章　绪　论

为加快生态文明体制改革，建设美丽中国，中国将坚决打好污染防治攻坚战，解决严重的环境问题，大力推进绿色发展。实现这一目标需要减少环境污染，改变“先污染、后治理”的传统发展老路，正确处理经济发展与环境保护的关系。减少污染和促进污染防治既需要提升“硬”的技术水平，又需要改善“软”的制度安排，特别是应该从与地方政府相关联的财政竞争、新型晋升锦标赛和党政问责等方面着手，采取财税等综合措施，有效解决财政分权体制下地方政府环境污染治理动力和压力问题，借助《环境保护税法》实施契机，着力提高环境质量，推动经济高质量发展，为建设美丽中国做贡献。

第一节　选题依据

一、选题背景

中国经济在长时间内保持高增长，取得的成就举世瞩目，但与之相随的环境污染问题未能避免，因此，国家及时提出绿色创新等新发展理念。[①]中共第十八次全国人民代表大会提出：“必须树立尊重自然、顺应自然、保护自然的生态文明理念，把生态文明建设放在突出地位，融入经济建设、政治建设、文化建设、社会建设各方面和全过程，努力建设美丽中国，实现中华民族永续发展。”中共十八届五中全会把绿色发展理念作为

---

① 本研究涉及环境污染概念，有必要明确环境与环境治理的含义。环境通常指生活周边的环境状况、自然界中的环境组成要素，环境保护与生态保护存在交叉，环境与生态有着不同指向。在政府环境治理方面，地方政府更加侧重于本辖区内的环境污染问题，环境污染经常是局部性的，需要地方政府投入治理。生态保护责任主要在中央政府，因为生态所指范围很大，有些生态范围甚至跨越多个省区，需要中央政府的统筹协调才能实现保护责任。为了更好地理解环境污染问题，环境污染进一步可以细化为“三废”污染，即工业污染源产生的废水、废气和固体废弃物。

新的长期坚持的五大发展理念之一，强调全国上下必须长期坚持和遵守；中共第十九次全国人民代表大会中提出“像对待生命一样对待生态环境，要实行最严格的生态环境保护制度”的要求，提出“绿水青山就是金山银山”的理念，充分体现出国家对环境保护和环境污染治理的重视。

自进入新时代以来，财税体制改革被赋予了新的高度和新的使命，财政体制改革步伐加快，不合时宜的法律规章不断被修订废除，新的政策法律不断确立，但如何实现经济持续健康发展以及环境质量不断改善，如何建设生态文明和取得高质量发展，这都面临多重压力和约束。

1. 环境污染问题成为中国经济发展中挥之不去的阴影。中国自从1994年实施财政分权改革以来，地方政府的经济自主性不断得到强化，区域之间税收竞争开启并且日益激烈，这样的财政竞争行为不可避免地带来环境污染。水、大气、土壤这些生命赖以生存的基本环境要素以及依附其之上的生产和生活资料受到不同程度的污染，从“白色垃圾”再到“垃圾围城”，土壤污染、雾霾、饮水安全等，环境污染问题形势严峻。伴随工业化和城镇化进程的加快，中国正在经历着严峻的环境污染问题，大大小小的环境事件时有发生，人口、资源和环境的可持续发展受到挑战，群众生活环境质量受到影响。如何治理环境污染，如何提高环境质量，如何不再透支后代子孙的生活环境，这是摆在我们眼前的重要课题。

2. 在大力推进打赢污染防治攻坚战的同时，应该更加高度重视环境治理长效机制的建设，从长远来看，如何建设一个动态有效的环境治理形式更加具有挑战性。自进入新时代以来，环境污染工作得到了重视，生态环境保护立法取得了明显进展，出台了《关于加快推进生态文明建设的意见》和《生态文明体制改革总体方案》，《环境保护法》付诸实施，大气、水、固体废物、海洋环境、环保税等领域的法律相继制定或修订，先后发布数十项生态环保领域的改革文件以加强生态文明建设、划定生态保护红线，颁布和修订新的水、大气、土壤污染防治法案，不断提高环境保护的要求和标准。特别是中央环境保护督察有力地推动环境保护“党政同责、一岗双责”的落实，环保机构监测监察执法垂直管理、区域污染联防联控、设置跨地区环保机构、党政领导干部生态环境损害责任追究、排污许可制度等的改革，地方政府由此将承担更多的环境保护责任，承受着前所未有的环境考核压力，“工业三废”排放量近年来也有所下降，相关数据参见表1-1。

表1-1 近年来全国“工业三废”排放变化（单位：万吨）

年份	工业废水	工业二氧化硫	工业烟（粉）尘
2007	2466493	2139.98	1469.88
2008	2416511	1991.37	1255.69
2009	2343857	1865.94	1128.01
2010	2374733	1864.42	1051.92
2011	2308743	1782.21	1278.83
2012	2215857	1911.71	1235.77
2013	2098398	1835.19	1278.14
2014	2053430	1740.35	1740.75
2015	1994983	1556.74	1538.02

数据来源：《中国统计年鉴》（相应年份）。

从表1-1中可以看出2007～2015年工业废水、工业二氧化硫和工业烟（粉）尘的排放情况，从2012年开始，工业废水、工业二氧化硫呈现下降趋势，工业烟（粉）尘时有反复。以人均碳排放等指标为例，中国部分地区环境库兹涅茨拐点可能在2010年前后已经出现。[①]虽然已经出现环境库兹涅茨拐点，但随后仍然需要巩固已有环境治理成果，当然环境改善成果可以出现反复。表1-1所示的“工业三废”总量仍然巨大，说明节能减排、污染防治和环境治理任务依然艰巨。这些任务同时受制于当前全面深化体制改革，特别是下面将提及的地方政府之间的财政竞争，各级政府间财政事权与支出责任合理界定与落实等对环境污染的影响。

3. 中央和地方政府之间特别是地方政府之间的税收竞争和支出竞争带来了区域经济发展，但也产生了各种问题，特别是环境污染问题。分税制改革给予地方政府发展经济的激励，促进经济增长的同时也带来了一些环境污染等负面影响。税收竞争通常以税收优惠、降低环保标准等方式人为

① 在中国整体环境库兹涅茨拐点的研究成果中，部分研究认为，中国各地区环境改善时间路径表现在上海、北京等省市已达到库兹涅茨拐点，大多数省份在1到6年内均可达到。利用政策措施来改变并提前这些省份的库兹涅茨曲线拐点的到来时间是有必要的。中国东部地区和中部地区存在人均碳排放环境库兹涅茨曲线，但是西部地区不存在。参见宋马林、王舒鸿：《环境库兹涅茨曲线的中国“拐点”：基于分省数据的实证分析》，《管理世界》2011年第10期；许广月、宋德勇：《中国碳排放环境库兹涅茨曲线的实证研究——基于省域面板数据》，《中国工业经济》2010年第5期。有文献研究认为，根据人均收入、能源强度、产业结构和能源消费结构等指标，中国二氧化碳库兹涅茨曲线理论拐点对应的人均收入水平尚未到达。参见林伯强、蒋竺均：《中国二氧化碳的环境库兹涅茨曲线预测及影响因素分析》，《管理世界》2009年第4期。

造成税收洼地，为地区发展差距拉大和环境污染总量增加推波助澜，在不同国家的不同发展阶段形成了一些“污染天堂”或“污染避难所”，也就是污染密集类企业乐意在环境标准规定相对较低的国家或地区聚集和投产。当前经济全球化和一体化趋势正在导致贸易壁垒削减的同时，相关国家特别是发达国家环境规制水平不断提高；或者贸易并未削减，但环境规制水平同样提高。相对而言，通常发展中国家的环境标准比较宽松，如果采取贸易自由化政策，其实是鼓励实施严格环境规制的发达国家污染产业迁往环境标准较宽松的发展中国家，这一污染企业不断迁移的过程导致一些发展中国家最终成为专业化产出污染产品企业的“污染避难所”。中国已经不再是传统理论认为的“污染天堂”，但其影响方式可能对于急功近利促进 GDP 提升的地区仍然具有吸引力。逐底竞争（Race to the Bottom）是在全球化过程中的资本为了寻找最高的回报率，有些地方政府可能降低当地居民福利水平、环境标准和劳工保障等政策执行，以吸引带有污染性的企业投资设厂。同时针对特殊对象实施的税收优惠使得税收制度本身复杂化，造成税收征管困难。税收优惠可能引致财政收入流失，造成纳税人税负不公。

支出竞争方面，财政支出反映了地方政府所拥有的财政资金去向，它们呈现出此消彼长的态势。如果支出多用于经济建设，则地区生产总值就高；如果多用于科教文卫，百姓福祉就高；如果多用于环境治理，环境质量就好。随着社会发展和人民生活水平需求层次的提高，人们对美好生活的向往和需求增加，具体表现为对科教文卫支出、社会保障支出等民生福利性公共产品需求的增加。这就要求地方政府在提供优质公共产品与让辖区经济主体承担适度税收成本之间的成本收益兼容。追逐本地区的经济利益特别是税收收益，加之以 GDP 增长为核心的传统政绩考核机制，驱使着地方政府大力推动本地经济发展，而往往忽视教育、科技、医疗卫生、社保、环境治理等公共服务的提供，环境治理和保护等公共物品可能受到挤压而出现短缺，即产生环境污染。

4. 在环境污染治理过程中，环保事权和支出责任的划分和落实是一个需要取得共识和全面落实的过程。目前中国财政体制中存在着财政事权与支出责任不匹配的现象。首先，财政事权划分不清晰，上一级政府在划分财政事权时随意性和不确定性较大，下级政府需要承担的被动事权较多，各级地方政府均面临承担过多事权而缺少足够财力的局面。其次，支出责任划分不合理。财力与支出责任的划分要以事权划分为基础。当事权划分不分明的时候，财力与支出责任间的划分就会出现问题。有的本应当由省级政府负责的财政事权下放到市县级政府承担支出责任，一些属于市县一级的财政事权却让省级政府承担支出责任；一些由多级政府共同承担财政事权存在承担支出责任比例不明确或不合适的情况。最后，财力与支出责任不匹配问题突出。中国基层地方政府普遍面临财政压力，从地方政府财力角度看，普遍存在“钱少事多”的窘境。图 1-1 可以从数据上反映中国五级政府的政府收支困境。

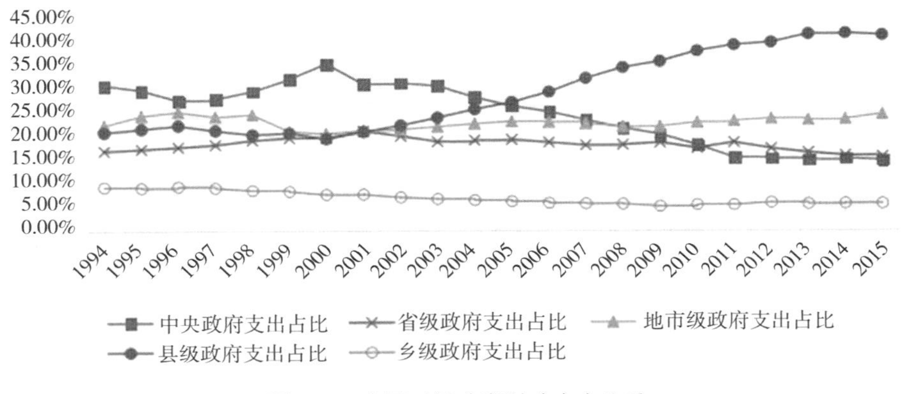

图 1-1 中国五级政府财政支出比重

2000 ～ 2015 年，中央政府在全国财政总支出中的比重从 34. 75% 下降到 14. 60%，而县级政府的财政支出比重则从 19. 07% 攀升到 40. 98%，地方政府中地市级尤其是县一级政府正承受着越来越大的财政支出压力。县级政府在地方治理中的重要作用已经被众多学者的经验研究所证实。[①]反观中央和地方的财政收入结构可以发现，中央的收入比重持续增长，而地方政府的收入并没有以适应财政支出责任增长的步伐而相应增加，由此带来的后果是地方政府面临着巨大的财力缺口，财力与支出责任在很大程度上出现不匹配。

当前环境保护的事权主要在地方政府一级，河流、湖泊等流域性质的环保责任甚至需要跨省份跨地区地方政府协同履行责任。在地方政府官员普遍面临较大财政支出压力时，优先选择何种支出的项目对辖区内的经济社会发展有着重要的影响。在推进经济快速发展的起飞阶段，地方政府选择优先发展经济，而将环境保护排在发展选项之后，就会形成“先污染、

① 例如，根据学者杨松良测算，1997 ～ 2006 年县乡级政府承担着 80% 以上的基础教育支出，之后对于基层义务教育费用支出主体有所调整，但总体上仍然属于地方政府支出责任范围。参见杨松良：《中国的财政分权与地方教育供给：省内分权和财政自主性的视角》，《公共行政评论》2013 年第 2 期。

后治理"的发展老路，很大程度上影响了环境质量。近年来社会整体环保意识增强，公众对环境的诉求不断增加，环境保护已经被提升到国家战略的高度，环境治理问题得到空前重视。

地方政府要同时兼顾经济发展、环境保护、百姓福祉，但事权与支出责任过重而财力薄弱又时常困扰着地方政府官员，同时"党政同责、一岗双责"等环境问责硬约束和政治晋升考核机制时刻提醒着各地方行政官员。在这样的复杂背景之下，地方政府在环境保护方面将如何行动、如何作为，这些行动和作为将对其辖区内的环境质量产生什么样的影响，这种影响能不能得到经验数据验证，现实需求需要予以回应。

二、选题应用价值

1. 有助于认识财政竞争与环境污染之间的联系，寻找环境污染发生的税收竞争和支出竞争原因，为推进环境污染防治提供财政解决思路。中国分税制改革以后，地方政府获得一定的税收管理权限和支出预算安排，为促进经济增长而开展税收竞争和支出竞争，为获得在晋升竞争中的优势，地方政府之间开展以经济增长为核心的全面竞争，特别是一些地方以降低环保标准、过度税收优惠以及减少公共支出等财政手段进行竞争，给环境问题带来较大压力。财政分权激励短期政绩和晋升而扭曲了支出结构，使得环境保护让位于经济增长。

本研究有助于从财政竞争的行为和过程中挖掘财政竞争条件下地方政府竞争行为给环境带来的影响，找寻特定规则下环境质量变化的因果逻辑和据此推进环境污染治理的思路和方案。从税收竞争的角度来看，需要在宏观税收竞争研究的基础上，从微观行业税负的角度分析行业间税负差异对环境改善的影响，寻找税收对经济要素转移影响的真实机理，依据此机理制定科学合理的税收政策，税收优惠范围开始由特定区域演变为特定行业，以行业减税为主、区域减税为辅，引导要素合理有序地流动，减少环境治理的压力。

2. 有助于认识以环境保护和经济发展相结合的新晋升锦标赛模式对于中国生态文明建设的重大意义。改革开放以来，中国在经济基础落后的情况下取得了巨大的进步，经济总量达到世界第二，人民生活水平发生了翻天覆地的变化。政治晋升锦标赛理论分析了经济发展过程中，内在竞争和激励机理对经济增长成绩具有较强的解释能力。

当经济总量指标成为行政晋升的重要影响因素时，地方政府为了能够在考核中获得更靠前的排名，必然要围绕经济建设展开竞赛，动员资源促进经济发展。随着经济社会的整体进步，地方政府的治理观念发生了改变，逐渐转向服务型政府建设。经济建设虽然仍占据着政府任务中重要的一部分，但侧重点从量的积累转变为质的提高。对地方官员的评价除了经济发展的因素以外，环境保护、辖区民意等因素引起更多关注。在经济发展新常态时期，以经济实力为中心的锦标赛转变为地区综合竞争力的新锦标赛，其中的“新”主要体现在以环境质量改善为主要标志的生态文明建设上。

3. 为合理界定中央和地方政府环保事权和支出责任，配合以转移支付提供实证支撑和政策建议。目前已有研究对财权、事权、支出责任的理论探讨比较多，对财权、事权、支出责任间的匹配问题，财政体制改革的其他问题都有共识。本研究希望更加深入地挖掘这一领域内的信息，选取财力与支出责任不匹配的情况进行实证分析，结合地方政府官员的激励行为，挖掘体制错配给环境带来的不利影响，找寻特定规则下环境质量变化的因果逻辑。事权与支出责任匹配问题集中在权责划分、法律界定方面，而在财政竞争背后的财力与支出责任匹配将话题范围缩小到财力层面，使用计量工具探讨财力与支出责任匹配问题更易于操作和切合实际，让财力与支出责任不匹配状态对环境质量的影响得到经验数据的证实。

目前理论探讨、概念推演以及逻辑辨析的相关研究较多，有必要提供相应的经验数据予以回应，将逻辑讨论的问题数量化，用经验数据更加清晰地刻画财力与支出责任的问题，力求证明财政竞争条件下环境污染防治在财力与支出责任上更加匹配。本研究希望能够为这一细分领域提供实证分析和理论支撑，为推进环境治理提供“制度路线”参考。

4. 为实现国家环境治理能力现代化提供财政微观基础。财政是国家治理能力和水平建设的基础和重要支柱，历史和现实都充分说明，科学、合理、有效的财税体制安排事关国家的长治久安。作为与国家治理能力现代化相适应的现代财税制度，其内涵丰富，而建立现代财政制度需要处理各级政府税收权益划分，处理税收在筹集收入与资源配置中的作用，合理利用税收政策实现资源的优化配置。国家治理能力现代化要落到实处，需要细化税收竞争，从行业间税负差异的角度出发，明晰不同级次政府间税收竞争关系和税收对要素配置的影响机理，以及由此导致的环境污染和税收竞争方面应该采取的规范税收竞争措施。对于支出竞争方面而言，需要更加注重包括环境污染治理在内的公共支出，将“谁污染谁付费”原则落到实处。通过规范的财政竞争手段为财税体制改革提供指导，只有具备这样的微观基础才能更好地实现国家环境治理能力现代化。

第二节 学术史梳理与研究动态

在中国财政分权体制下，按照传统的晋升锦标赛理论，地方政府将主要精力用于促进 GDP 增长，为吸引外部资本流入展开财政竞争，大多地方政府竞相使用税收优惠、降低环保标准或减少环境污染治理支出而“大兴土木”，很大程度上引发环境污染等问题。财政分权安排充分体现着中央和地方政府之间的财政权益、财政收支、财政事权和支出责任配置关系，而“财政分权—政府财政竞争（税收竞争或支出竞争）—环境污染”之间是一个具有关联的系统，财政分权对环境污染的影响并非直接表现出因果关系，而是通过激励或扭曲各个地方政府行为等中间过程，最终对环境质量形成不同的影响。

进入新时代以来，特别是提出建设生态文明、美丽中国，走高质量发展道路之后，中国实施了严格以“党政同责、一岗双责”为主要内容的问责制，环保问责机制在政府绩效考核中的硬性约束加强，并且实施环保问责终身追责制，传统的政治晋升锦标赛已经被赋予新的内容。上述研究动态在已有文献中都有体现，有关学术史研究分别从财权分权、税收竞争、支出竞争与环境污染，环保问责与环境污染等视角进行梳理，并就研究动态做简要评价。

一、财政分权与环境污染研究

1. 国外相关研究多集中于对环境联邦主义的探讨。财政分权与环境质量关系即环境联邦主义（Environmental Federalism），集中讨论环境政策应该集权还是分权以及不同分权制度安排对环境质量的影响。传统理论认为，各地方政府为吸引到更多的投资，通过降低环境标准而相互竞争，由此产生逐底竞争，使环境质量恶化。财政分权是影响环境质量的另一重要变量，相关理论成果包括环境联邦主义、用脚投票理论以及基于数据的实证检验等，它们从不同视角论证了财政分权与环境质量之间的关系。经济增长与环境污染有时是一个问题的两个侧面，发达国家的发展经历表明，经济发展几乎不可避免地会带来环境污染，然后再经历环境改善的过程，经济增长和环境质量之间呈现倒 U 形变化和发展过程，即环境库兹涅茨曲线（Environmental Kuznets Curve，EKC）所示内容。

从经济增长对环境质量的影响看，短期内经济增长往往会付出较大的环境代价，因为绝大多数短期经济增长是以大量消耗自然资源而获得的，生产过程粗放。从长期看，经济增长和环境污染的关系并非线性。经济增长促进技术进步，而技术进步则使治理环境污染的手段更加先进，或者使生产过程中排放的污染物更少，生产流程更加清洁。当一国经济发展到一定水平时，每一单位 GDP 增长所带来的边际效用递减，增加国民幸福感不完全依赖于 GDP 增长，而对高质量环境的诉求增加，环境质量在此时会随着经济增长（或人均收入增长）而不断提高。例如，Potoski 分析认为，工业发展竞争趋向逐底竞争，即放松环境标准以避免企业业务运行被环境规制法规限制。其研究表明，在各种清洁空气项目中，有相当数量的州超过联邦环保局的标准，国家根据公民的要求加强其环境规划，而不是根据经济压力进行规制，并非一味地为了经济压力而牺牲环境质量。[①]Millimet 和 List 利用随机优势检验了里根总统在 19 世纪 80 年代早期的"新联邦制"政策是否会导致各州降低环境标准。在分析的几项环境措施中，没有发现任何证据表明，在联邦政府干预这段时间内，逐底竞争使州一级环境质量指标继续改善。里根政府环境分权政策在 19 世纪 80 年代中期产生逐顶竞争（Race to the Top）效果。[②]Sigman 使用美国河流水质的面板数据证实，高度财政分权很大程度上导致河流污染程度较高，且空间异质性与分权体制相关，财政分权使得降低环境标准并产生逐底竞争效果，恶化了环境质量。由此提出财政分权条件下的权力下放政策更适合当地的实际情况，不会出现污染水平恶性竞争。[③]Kunce 等认为，如果地方政府充分利用土地的价值，通过低成本税收或宽松的环境标准，或两者兼而有之的方式，用企业征税去弥补公共物品的损失，那么，环境分权的效率会通过企业被迫迁移、污染排放内部化等方式实现。[④]

2. 近年来国内学界认为环境污染"制度路线"表现为财政分权影响环境质量，地方官员晋升激励、地方政府支出偏向以及环保事权与支出责任偏离，最终传递到环境质量上。对于财政分权程度提高是否会降低环境污

① Potoski M., 2001："Clean air federalism: Do states race to the bottom?", *Public Administration Review*, Vol. 61 (3), pp. 335-342.

② Millimet D. L., List J. A., 2003："A natural experiment on the 'Race to the Bottom' hypothesis: Testing for stochastic dominance in temporal pollution trends", *Oxford Bulletin of Economics and Statistics*, Vol. 65 (4), pp. 395-420.

③ Sigman H., 2014："Decentralization and environmental quality: An international analysis of water pollution levels and variation", *Land Economics*, Vol. 90 (1), pp. 114-130.

④ Kunce M., Jason F., Shogren J. F., 2008："Efficient decentralized fiscal and environmental policy: A dual purpose Henry George tax", *Ecological Economics*, Vol. 65 (3), pp. 569-573.

染水平目前存在分歧。有学者认为，财政分权程度的提高会加剧环境污染，他们从碳排放视角分析财政分权程度与碳排放的关系时发现，财政分权可能降低地方政府管制碳排放的努力程度，分权程度越高，二氧化碳排放量越大，两者呈正相关。①闫文娟等将财政分权对环境污染的影响按照污染物种类进行分类讨论时发现，中国式财政分权增加了外溢性公共物品（例如废水和二氧化硫）的污染排放强度，没有增加地方公共物品的污染排放强度。②马晓钰等认为，财政分权可能降低地方政府对环境污染的管制力度，提高财政分权程度不利于改善环境质量。③郭志仪、郑周胜通过实证分析认为，财政分权程度越高，地方政府从经济增长过程中享有的收入越多，工业“三废”排放量越高。④刘建民等对全国地级市环境污染面板数据进行研究后认为，环境污染与财政分权存在平滑的转换机制，财政分权对环境污染的影响效应存在非线性关系，外商直接投资和产业结构对财政分权的环境污染效应影响均呈现出不同的门槛特征。⑤陈宝东、邓晓兰认为，财政分权通过影响地方财政支出倾向，一定程度上增加了环境污染物的排放。⑥

有学者认为，提高财政分权程度有利于减少环境污染。薛钢、潘孝珍通过对省级面板数据的研究表明，支出分权度越高，环境污染程度越轻；财政收入分权度对环境污染的影响效应存在较大的不确定性。⑦谭志雄、张阳阳基于 1995 ～ 2012 年省级面板数据提出，财政分权程度将赋予地方政府更多的污染治理资金，激励政府提供更多的公共服务，从而降低环境污染水平，财政分权并不是导致环境恶化的主导因素。⑧

3. 相关研究围绕财政分权条件下中国环境库兹涅茨曲线存在与否或其

---

① 张克中、王娟、崔小勇：《财政分权与环境污染：碳排放的视角》，《中国工业经济》2011 年第 10 期。

② 闫文娟、钟茂初：《中国式财政分权会增加环境污染吗》，《财经论丛》2012 年第 3 期。

③ 马晓钰、李强谊、郭莹莹：《中国财政分权与环境污染的理论与实证——基于省级静态与动态面板数据模型分析》，《经济经纬》2013 年第 5 期。

④ 郭志仪、郑周胜：《财政分权、晋升激励与环境污染：基于 1997 ～ 2010 年省级面板数据分析》，《西南民族大学学报（人文社会科学版）》2013 年第 3 期。

⑤ 刘建民、王蓓、陈霞：《财政分权对环境污染的非线性效应研究——基于中国 272 个地级市面板数据的 PSTR 模型分析》，《经济学动态》2015 年第 3 期。

⑥ 陈宝东、邓晓兰：《财政分权体制下的城市环境污染问题研究——来自中国 73 个城市的经验数据》，《大连理工大学学报（社会科学版）》2015 年第 3 期。

⑦ 薛钢、潘孝珍：《财政分权对中国环境污染影响程度的实证分析》，《中国人口·资源与环境》2012 年第 1 期。

⑧ 谭志雄、张阳阳：《财政分权与环境污染关系实证研究》，《中国人口·资源与环境》2015 年第 4 期。

拐点是否到来展开讨论。符淼、黄灼明通过非参数估计得到基于经济发展阶段的污染曲线多呈现倒 U 形，确定了不同曲线的拐点所处的工业化阶段。[①]李猛通过实证分析表明，中国的环境污染程度和地方人均财力之间呈现出明显的倒 U 形发展趋势。[②]高宏霞等研究发现，工业废气和工业二氧化硫与环境库兹涅茨曲线相吻合，而工业烟（粉）尘呈现线性增加态势。相比东部地区，中、西部地区库兹涅茨拐点的到来更晚。[③]李斌、赵新华研究发现，环境技术进步（包含生产技术和污染治理技术）使 37 个工业行业的污染物排放量显著减少了，说明技术进步在污染治理中具有重要作用。[④]陈工、邓逸群通过省级面板数据和双向固定效应模型得出分权提高了环境库兹涅茨曲线转折点所要求的平均收入水平，提出如果支出责任过度下沉则将导致空气质量的恶化，充分的财政自主权限则将抑制环境污染的产生和扩散。[⑤]

中国经济发展与环境质量之间同样存在环境库兹涅茨曲线关系，部分地区已跨越环境库兹涅茨曲线拐点。孔淑红、周甜甜的研究进一步细化了中国环境污染程度与人均地方财力之间呈现出的倒 U 形关系；环境技术进步使主要工业行业污染物的排放量显著减少了。[⑥]彭水军等的研究提出，工业废气、工业二氧化硫与环境库兹涅茨曲线吻合，而工业烟（粉）尘呈线性增加。[⑦]中国环境质量的变化和改善，与一些地方政府治理主体地位得以加强而主动节能减排、制度倒逼密切相关，转变经济发展方式需要强化地方政府绿色生产。[⑧]

有学者认为，财政分权程度对环境污染的影响应当针对具体情况分类

① 符淼、黄灼明：《我国经济发展阶段和环境污染的库兹涅茨关系》，《中国工业经济》2008 年第 6 期。

② 李猛：《财政分权与环境污染——对环境库兹涅茨假说的修正》，《经济评论》2009 年第 5 期。

③ 高宏霞、杨林、付海东：《中国各省经济增长与环境污染关系的研究与预测——基于环境库兹涅茨曲线的实证分析》，《经济学动态》2012 年第 1 期。

④ 李斌、赵新华：《经济结构、技术进步与环境污染——基于中国工业行业数据的分析》，《财经研究》2011 年第 4 期。

⑤ 陈工、邓逸群：《中国式分权与环境污染——基于空气质量的省级实证研究》，《厦门大学学报（哲学社会科学版）》2015 年第 4 期。

⑥ 孔淑红、周甜甜：《我国出口贸易对环境污染的影响及对策》，《国际贸易问题》2012 年第 8 期。

⑦ 彭水军、张文城、曹毅：《贸易开放的结构效应是否加剧了中国的环境污染——基于地级城市动态面板数据的经验证据》，《国际贸易问题》2013 年第 8 期。

⑧ 李宏岳：《我国地方政府环保财政支出和环保行为的环境治理效应实证研究》，《经济体制改革》2017 年第 4 期。

讨论。俞雅乖考察不同地区财政分权程度对环境污染的影响后认为，在东部地区，财政分权程度提高能有效降低污染排放。在中、西部地区，财政分权程度提高将增加污染排放。[①]张欣怡选取工业“三废”衡量环境污染的程度，得出财政分权程度与环境污染存在倒U形关系，而中国仍处于倒U形拐点左侧，这与环境库兹涅茨曲线假说一致。[②]韩君、孟冬傲通过估计和检验财政收入分权与财政支出分权对生态环境的空间效应发现，财政收入分权与财政支出分权对工业二氧化硫排放都有显著的负向直接效应和空间溢出效应，财政支出分权对工业二氧化硫排放的影响程度要大于财政收入分权；适当提高财政分权度有利于各省份自身工业二氧化硫排放的控制，对相邻省份工业二氧化硫的排放有抑制作用。[③]

4. 地方政府竞争与环境污染的关系研究。杨海生等通过实证分析发现，地方政府为争夺流动性生产要素，在环境政策之间存在明显的攀比式竞争，造成地方政府环境支出以及环境保护力度加大，而环境质量难以有效地改善。[④]马光荣、杨恩艳指出，在中国式财政分权体制下，晋升激励会驱动地方官员在GDP标尺竞争中逐底竞争，一方面给予企业各种税收优惠和税收减免，另一方面财政支出偏向基础设施和基本建设投入，这导致地方公共物品尤其是教育、环境、医疗、社会保障等非生产性公共物品供给不足，间接地降低了环境质量。[⑤]李正升构建博弈模型后发现，中央政府强调经济增长和地方政府财政激励增强，使政府偏向基础设施投入，忽视环境治理和保护，从而加剧环境污染，禀赋条件越好的地区这种倾向越严重。[⑥]张宏翔等研究表明，政府间竞争越激烈，环境就越恶化。通过分权渠道，政府竞争对于环境质量的影响并没有显著改变，财政分权与环境质量恶化有关联但机理并不明确。[⑦]徐鲲等通过研究表明，地区间的政府竞争是

---

① 俞雅乖：《中国财政分权与环境质量的关系及其地区特性分析》，《经济学家》2013年第9期。

② 张欣怡：《财政分权下地方政府行为与环境污染问题研究——基于中国省级面板数据的分析》，《经济问题探索》2015年第3期。

③ 韩君、孟冬傲：《财政分权对生态环境的空间效应分析——来自省际面板的经验数据》，《财政研究》2018年第3期。

④ 杨海生、陈少凌、周永章：《地方政府竞争与环境政策——来自中国省份数据的证据》，《南方经济》2008年第6期。

⑤ 马光荣、杨恩艳：《打到底线的竞争——财政分权、政府目标与公共品的提供》，《经济评论》2010年第6期。

⑥ 李正升：《中国式分权竞争与环境治理》，《广东财经大学学报》2014年第6期。

⑦ 张宏翔、张宁川、许贝贝：《政府竞争、资本投资与公共卫生服务均等化——来自中国1995～2012年地级市的经验证据》，《财政研究》2015年第4期。

通过策略性的环境政策表现出来的。地方政府竞争越激烈，越忽视环境政策或者放宽环境政策，由此地区环境污染会越严重。①

在财政分权的条件下，为促进本地经济增长而吸收流动要素与环境污染研究方面，许士春、何正霞利用省级面板数据验证了环境库兹涅茨曲线在中国是存在的，还认为出口的增加恶化了环境质量，国外直接投资（FDI）的增加对环境质量改善有促进作用。②许和连、邓玉萍利用省级面板数据证实 FDI 在地理上的集群有助于中国环境质量的改善，倡导产业集聚发展对于环境治理具有促进作用。③王利认为，环保部门约谈制度是环保领域的积极尝试和创新，除了考虑经济增长的因素以外，促进和改善环境监管方式也是重要的考虑因素，环保约谈制度对于地方政府在短期和长期中重视和加强环境治理具有不同的作用。④葛察忠等对环保约谈实践、完善环保法规和个案总结等进行了论述，提出从中央对地方以及地方上级对下级政府主要负责人的约谈中，由于相关法规的不断完善，约谈具有“立竿见影”的效果，环保问责发挥着积极的治理作用。⑤

二、税收竞争与环境污染研究

1. 税收竞争思想起源与发展方面，Dewey 在分析美国联邦和州政府取消双重征税时引入税收竞争分析，将税收和地区发展联系起来。⑥随后 Carlson 和 Smith 等学者对税收与地区发展进行了深入论述。⑦相对完整的政府间税收竞争研究始于 Tiebout 在《地方公共支出的纯理论》一文中开创性地提出用脚投票为特征的地方政府竞争模型，认为税收竞争将显著地改

---

① 徐鲲、李晓龙、冉光和：《地方政府竞争对环境污染影响效应的实证研究》，《北京理工大学学报（社会科学版）》2016 年第 1 期。

② 许士春、何正霞：《中国经济增长与环境污染关系的实证分析——来自 1990 ～ 2005 年省级面板数据》，《经济体制改革》2007 年第 4 期。

③ 许和连、邓玉萍：《外商直接投资导致了中国的环境污染吗？——基于中国省际面板数据的空间计量研究》，《管理世界》2012 年第 2 期。

④ 王利：《我国环保行政执法约谈制度探析》，《河南大学学报（社会科学版）》2014 年第 5 期。

⑤ 葛察忠、王金南、翁智雄、段显明：《环保督政约谈制度探讨》，《环境保护》2015 年第 6 期；葛夕良：《转轨制国家国内横向资本税竞争的模型分析》，《财经论丛》2006 年第 1 期。

⑥ Dewey D. R.，1925：“The United States：Social and economic development”，*Current History*，Vol. 58（5），pp. 808-810.

⑦ Carlson R. E.，1941：“Interstate barrier effects of the use tax”，*Law and Contemporary Problems*，Vol. 8（2），pp. 223-233；Smith E. H.，1952：“The Federal viewpoint on the Canadian approach to coordination of tax systems”，*National Tax Association*，Vol. 12（45）：291-299.

善地方政府的效率，提高居民福利。[①]这改变了税收竞争研究范式，由此前的描述性研究演变为规范的模型推演和实证分析，此后学者对税收竞争研究进一步规范，研究对象开始由税收竞争本身转向税收竞争效应。

Oates 对 Tiebout 的理论模型提出质疑，他认为，政府面对财政约束的同时又开展以吸引流动税基为目的的逐底竞争导致其税率不断降低，还认为税收竞争会影响地方政府的财政收入，阻碍公共服务供给，进而政府无法筹集足够的财政收入用于提供公共服务，逐底竞争引发公共服务供给不足。[②]随后，学者围绕 Tiebout 和 Oates 结构进行拓展，逐步形成税收竞争理论体系和标准税收竞争模型，并推导出一般性税收竞争均衡，即政府间为了争取流动税基而开展的竞争将导致低税率，以防止本地流动性税基流向其他地区。[③]20 世纪 90 年代以来，学者对新古典税收竞争模型不断进行修正和改进，提出资本税产生的外部性并未消失，低税率和公共服务供给不足并没有改变，税收竞争对效率的促进不可高估。[④]

传统的税收竞争理论以参与竞争地区同质化为前提，但现实中各个地方存在较大差异，难以满足同质化要求，从而对现实解释不足。税收竞争参与方规模等因素受到广泛关注，不对称性税收竞争模型被引入。[⑤]大的地区和小的地区之间不对称，以资本税为工具的税收竞争行为进入研究范畴，Bucovetsky和 wilson 的研究结果显示，大的地区税率较高而小的地区税率较低，受制于参与税收竞争的地区特质不同，在税收竞争中所处的地位以及所采取的策略将有所差异。[⑥]随后不对称税收竞争模型被进一步拓展，Haufler 和 Wooton 将外生交易成本引入模型，通过分析争夺国外直接投资为目

---

① Tiebout C. M., 1956: "A pure theory of local expenditures", *Journal of Political Economy*, Vol. 64 (5): pp. 416–424.

② Oates W. E., 1972: *Fiscal Federalism.* New York: Harcourt Brace Jovanovich, pp. 35–41.

③ Mintz J., Tulkens H., 1986: "Commodity tax competition between member states of a federation: Equilibrium and efficiency", *Journal of Public Economics*, Vol. 29 (2), pp. 133–172; Wilson John D., 1986: "A Theory of Interregional Tax Competition", *Journal of Urban Economics*, Vol. 19 (3), pp. 296–315.

④ Barro R. J., 1990: "Government spending in a simple model of endogenous growth", *Journal of political economy*, Vol. 98 (5), pp. 103–125; Hoyt W. H., 1991: "Property taxation, Nash equilibrium, and market power", *Journal of Urban Economics*, Vol. 30 (1), pp. 123–131.

⑤ Bucovetsky S., 1991: "Asymmetric tax competition", *Journal of Urban Economics*, Vol. 30 (2): pp. 167–181.

⑥ Bucovetsky S., Wilson J. D., 1991: "Tax competition with two tax instruments", *Regional science and urban Economics*, Vol. 21 (3), pp. 333–350.

标的税收竞争行为，可以确认大的地区更有可能会获得最后的胜利。①

目前部分研究文献提出，环境污染和地方政府之间进行的税收竞争行为有关。Huber 和 Millimet 通过考察美国各州的竞争行为发现，政府间对流动资本的竞争会导致宽松低效的环境标准，本辖区环境污染减排的被动提高和它相邻地区的环境政策执行具有正向关联。② Wildasin 和 Rodrik 等认为，地方政府并不必然以本辖区社会福利最大化为目标，在经济发展竞争过程中，为获取竞争优势，拓展税基并提高本地财政收入水平，地方政府将采取放松环境监管与降低环境治理积极性的方式；如果地方政府在税收竞争的同时，也采取提高环境监管与环境治理积极性的方式，在其他地方政府效仿后，将促进整体社会福利水平的提升，即出现财政竞争的逐顶竞争行为。③

2. 有文献认为，地方政府间的税收竞争会导致税率出现逐底竞争，一方面，地方政府通过税收等优惠政策降低流动性强的资本要素税负，降低税收收入，间接地造成地方公共产品供给不足；另一方面，税收竞争通过税收优惠或者放宽环境政策使地区资本规模扩大，使得环境污染更加严重。大量文献围绕着这一模型展开讨论，大多数都支持逐底竞争观点。钱颖一和罗兰（Roland）提出区域间税收竞争有助于提高地区企业生产效率，从而促进整体经济增长，该增长付出了相应的环境代价。④白重恩等认为，税收竞争引发了地方政府行为的变化，一些地方出现保护主义与税收竞争具有直接联系。⑤杨海生等认为，地方政府环境政策之间存在相互攀比式竞争，包括通过降低环境标准或环境执行力度，以吸收不同流动性的生产要素，并固化本地的生产资源，其出发点并不一定是为解决本地区所出

---

① Haufler A., Wooton I., 2010: "Competition for firms in an oligopolistic industry: the impact of economic integration", *Journal of International Economics*, Vol. 80 (2), pp. 239–248.

② Huber B., 1999: "Tax competition and tax coordination in an optimum income tax model", *Journal of public Economics*, Vol. 71 (3), pp. 441–458; Millimet D. L., 2003: "Assessing the empirical impact of environmental federalism", *Journal of Regional Science*, Vol. 43 (4), pp. 711–733.

③ Wildasin D. E., 1998: "Risky local tax bases: risk-pooling vs. rent-capture", *Journal of Public Economics*, Vol. 69 (2), pp. 229–247; Rodrik D., Subramanian A., Trebbi F., 2004: "Institutions rule: The primacy of institutions over geography and integration in economic development", *Journal of Economic Growth*, Vol. 19 (6), pp. 131–165.

④ Y. Qian, G. Roland., 1998: "Federalism and the soft budget constraint", *American Economic Review*, Vol. 88 (2), pp. 1143–1162.

⑤ 白重恩、杜颖娟、陶志刚、仝月婷：《地方保护主义及产业地区集中度的决定因素和变动趋势》，《经济研究》2004 年第 4 期。

现的环境污染问题，这成为中国环境质量下降的一个原因。[①]

崔亚飞、刘小川通过研究发现，中国省级政府在税收竞争时对污染治理采用骑跷跷板策略，政府税收收入与工业废水和固体废弃物的排放强度呈负相关，与工业二氧化硫的排放强度呈正相关。有些地方政府从自身利益出发而设法固化已有税收收入，拓展流动税基，或与邻近地区争夺流动税基，以便取得经济考核与政治晋升优势，而对二氧化硫排放进行放松管制，消极治理环境。[②]刘洁、李文从环境政策角度验证了地方政府对污染治理的骑跷跷板策略表明，税收竞争引起地区税负水平下降，刺激工业废水、废气和废弃物排放，影响环境政策策略。[③]姚公安认为，地方政府间的横向税收竞争使地方政府重经济发展，轻环境保护，地方政府放松对工业污染物的管制，加剧了环境污染。分区域来看，东部和西部地区地方政府获取税收收入的动机越强，工业固体废弃物排放越多。[④]邓彦龙通过实证研究认为，外商直接投资中的污染减排效应并不是全面存在的，而仅仅在经济密度和人口密度较高的地区，比如东南沿海地区才存在。[⑤]

踪家峰、杨琦通过研究认为，中国税收竞争通过地方政府征税的努力度表现出来。地方政府提高征税努力度将降低对资本的吸引力，减少污染排放总量。当污染物具有外溢性时，某一个地区税收征收努力度对其他地区污染排放的影响取决于资本流动性和其他地区的污染负外部性。[⑥]贺俊等通过分析提出，税收竞争、收入分权与环境污染存在长期稳定的均衡关系，税收竞争和收入分权均加剧环境污染；税收竞争通过分权加大环境污染，税收竞争对环境污染的影响呈现出区域性差异，即东部地区税收竞争有益于环境污染改善，中、西部地区税收竞争加剧了环境污染。[⑦]李香菊、赵娜认为，税收竞争会通过加大本地资本投入量，减少本地政府环保投入，从而增加二氧化硫和固体废弃物的排放量，或是通过邻近地区的资本

---

① 杨海生、陈少凌、周永章：《地方政府竞争与环境政策——来自中国省份数据的证据》，《南方经济》2008 年第 6 期。

② 崔亚飞、刘小川：《中国省级税收竞争与环境污染——基于 1998 ～ 2006 年面板数据的分析》，《财经研究》2010 年第 4 期。

③ 刘洁、李文：《中国环境污染与地方政府税收竞争——基于空间面板数据模型的分析》，《中国人口 · 资源与环境》2013 年第 4 期。

④ 姚公安：《横向税收竞争的环境效应研究》，《技术经济与管理研究》2014 年第 12 期。

⑤ 邓彦龙：《财政支出结构与环境污染——基于面板门槛模型的实证研究》，《生态经济》2017 年第 8 期。

⑥ 踪家峰、杨琦：《分权体制、地方征税努力与环境污染》，《经济科学》2015 年第 2 期。

⑦ 贺俊、刘亮亮、张玉娟：《税收竞争、收入分权与中国环境污染》，《中国人口 · 资源与环境》2016 年第 4 期。

投入量和邻近地区政府环保投入减少二氧化硫的排放量。[①]张根能等通过研究认为，税收竞争通过地区间税负水平差异和环境政策的严苛程度得以反映，东部和西部地区采取降低税负水平的竞争策略时会加重工业废气污染排放。在东、中部地区执行宽松的环境政策来进行税收竞争会加剧工业废气污染排放，表现为环境政策的逐底竞争。[②]蒲龙基于宏观税负水平构造地级市层面的税收竞争指标认为，在中、东部地区地级市政府间的税收竞争会显著降低工业废水和废气的排放量，东部地区下降幅度显著高于中部地区，西部地区税收竞争对工业废水及废气的影响均不显著。[③]

3. 有文献提出，税收竞争在地方政府之间存在策略互动，并有助于约束地方政府的行为。部分学者通过空间统计与计量、博弈论等方法，分析省区间税收竞争中税收优惠和税收征管努力程度等差异，证明了客观存在的省区间策略互补的不对称税收竞争行为。通过税收竞争综合效应结果显示，中国部分地区出现了经济集聚效应，并促进税收逐底和逐顶竞争并存。[④]沈坤荣、付文林通过分析指出，中国式财政分权确实刺激了地方政府发展经济的积极性，但加剧了地方政府间的税收竞争。[⑤]李永友、沈坤荣提出，地方政府在竞争中采取的策略是互补而非差异化的。[⑥]郭杰、李涛的研究显示，邻近地区在税收竞争中采取互补策略，增值税、企业所得税和财产税类的税负水平在税收竞争中表现出策略互补特征。在税收竞争中，营业税、个人所得税的税负水平表现出明显替代性策略。[⑦]周志敏分析省级政府税负存在空间相关性后提出，省级政府税负的高低受到邻近省份的影

① 李香菊、赵娜：《税收竞争如何影响环境污染——基于污染物外溢性属性的分析》，《财贸经济》2017 年第 11 期。

② 张根能、董伟婷、张珩月：《地方政府税收竞争对环境污染影响的比较研究——基于全国及区域视角》，《生态经济》2017 年第 1 期。

③ 蒲龙：《税收竞争与环境污染——来自地市级政府的视角》，《现代管理科学》2017 年第 3 期。

④ 钱学锋、黄玖立、黄云湖：《地方政府对集聚租征税了吗？——基于中国地级市企业微观数据的经验研究》，《管理世界》2012 年第 2 期；范子英、田彬彬：《税收竞争、税收执法与企业避税》，《经济研究》2013 年第 9 期；邵明伟、钟军委、张祥建：《地方政府竞争：税负水平与空间集聚的内生性研究——基于 2000 ～ 2011 年中国省域面板数据的空间联立方程模型》，《财经研究》2015 年第 6 期。

⑤ 沈坤荣、付文林：《税收竞争、地区博弈及其增长绩效》，《经济研究》2006 年第 6 期。

⑥ 李永友、沈坤荣：《辖区间竞争、策略性财政政策与 FDI 增长绩效的区域特征》，《经济研究》2008 年第 5 期。

⑦ 郭杰、李涛：《中国地方政府间税收竞争研究——基于中国省级面板数据的经验证据》，《管理世界》2009 年第 11 期。

响。邻近省份经济发展水平越类似，相互影响越明显。[①]袁浩然通过分析中国地方政府间税收竞争的反应函数显示，省级政府间始终存在策略互补的税收竞争。[②]龙小宁等认为，不同税种在税收竞争中的表现有所差异，县级政府辖区企业所得税税率与营业税税率在税收竞争中存在显著的正向空间相关性，地方政府间采取了策略互补行为。[③]

4. 税收竞争成因研究方面，有学者从不同角度对税收竞争产生的原因提出看法，主要涉及政治、经济等方面。理性人在税收竞争分析中被广泛采用，将税收竞争产生的原因归于辖区内居民搭便车行为与政府公共支出最大化之间的冲突。阳举谋等认为，为了解决公共支出最大化资金不足的问题，地方政府必须使用税收竞争手段吸引更多税基以扩大政府收入，税率降低和税基增加是否增加税收是政府关注的重点，税收竞争更多的是人为的竞争。[④]王文波认为，税收竞争是地方政府在面对财政分权和地方资源有限时的一种理性选择，税收竞争是由地方政府内在利益驱动所导致的，目的在于吸引流动性税基而扩大税收。[⑤]

政治因素是产生税收竞争的重要原因，税收竞争标杆模型认为，税收竞争的根源在于信息不对称。周黎安提出，以地方政府“政治锦标赛”为表现形式的政治因素成为税收竞争产生的重要原因，政绩考核制度以及官员任用制度在很大程度上成为税收竞争的内在动力，吸引了大部分地方政府参与其中。[⑥]

从20世纪80年代以来，中央对地方政府的放权让利改革引发了地方政府的税收竞争，以市场化改革为特征的财政分权制度构成了税收竞争的客观基础。周克清、葛夕良等从不同视角分析并提出财政分权制度安排使得地方政府成为税收竞争的主体，市场化改革使得要素流动成为可能并构成税收竞争的客体。[⑦]税收制度设计是税收竞争产生的原因之一，制度因素包括地方政府课税权安排、特殊税收政策等。地方政府税收权力缺失以及

---

① 周志敏：《省级税负与税收竞争的空间计量研究》，《统计与决策》2010年第1期。

② 袁浩然：《中国省级政府间税收竞争策略的实证分析——兼与国内同类研究之比较》，《湖南商学院学报》2011年第3期。

③ 龙小宁、朱艳丽、蔡伟贤、李少民：《基于空间计量模型的中国县级政府间税收竞争的实证分析》，《经济研究》2014年第8期。

④ 阳举谋、曾令鹤：《地区间税收竞争对资本流动的影响分析》，《国际税收》2005年第1期。

⑤ 王文波：《中国地区税收竞争的理论分析及政策建议》，《涉外税务》2002年第9期。

⑥ 周黎安：《晋升博弈中政府官员的激励与合作——兼论我国地方保护主义和重复建设问题长期存在的原因》，《经济研究》2004年第6期。

⑦ 周克清：《我国政府间税收竞争的理论及实践基础》，《财经科学》2003年第S1期；葛夕良：《转轨制国家国内横向资本税竞争的模型分析》，《财经论丛》2006年第1期。

事权与支出责任不对等，导致地方政府只能利用税收竞争的形式吸引税基，其中地方政府税收立法权缺失、财政支出责任与财政事权相互独立、管理多元化、过多过乱的税收优惠、规范的财政关系尚未建立等成为税收竞争产生的主要制度因素。①

三、支出竞争与环境污染研究

1. 国外关于支出竞争与环境污染效果的规范与实证研究以及国外对政府支出与经济增长的关系研究方面，Barro 通过实证研究发现了消费性的公共支出对经济增长起着抑制作用，而生产性的政府支出将有助于促进当地经济的增长。②后来的学者在 Barro 研究的基础上对调整样本、支出变量、计量方法等验证支出经济增长效应进行了深入研究。Case 通过研究美国州预算的面板数据集后认为，溢出效应存在是依赖州道路、教育、福利公共支出，可能影响邻州的居民受益，美国各州之间的公共支出存在显著正相关。③Keen 和 Marchand 等通过流动资本存在下的财政竞争模型认为，地方政府进行税收竞争以吸引更多流动性税基进行支出竞争，可能扭曲财政支出结构，更加偏重于生产性支出而轻民生支出，导致公共服务提供不足。从非合作均衡出发，保持税率不变，如果当地公共物品供给相应增加时，不流动的消费者更为受益。④Shleifer，Razin，Sadka 和 Huber 等认为，地方政府间的税收竞争减少了地方政府税收，进而减少其财政收入，在预算约束下，地方政府只能压缩公共服务支出，减少其供给。⑤

Wilasin 和 Brueckner 认为，分权体制影响地方政府的财政支出行为，进而可能对环境污染产生影响，地方政府在地区竞争中通过财政手段争夺

① 杨志勇：《国内税收竞争理论：结合我国现实的分析》，《税务研究》2003 年第 6 期；刘蓉、颜小玲：《我国政府间税收竞争的形成条件、框架及其规范》，《税务研究》2005 年第 5 期。

② Barro R. J. , 1990：“Government spending in a simple model of endogenous growth”, *Journal of political economy*, Vol. 98（5）, pp. 103-125.

③ Case A. C. , Rosen H. S. , Hines J. R. , 1993：“Budget spillovers and fiscal policy interdependence：Evidence from the states”, *Journal of public economics*, Vol. 52（3）, pp. 285-307.

④ Keen M. , Marchand M. , 1997：“Fiscal competition and the pattern of public spending”, *Journal of Public Economics*, Vol. 66（1）, pp. 33-53.

⑤ Shleifer A. , 1985：“A theory of yardstick competition”, *Rand Journal of Economics*, Vol. 16（3）, pp. 319-327. Razin A. , Sadka E. , 1989：“International tax competition and gains from tax harmonization”, *Economics Letters*, Vol. 37（1）, pp. 69-76. Huber B. , 1999：“Tax competition and tax coordination in an optimum income tax model”, *Journal of public Economics*, 71（3）, pp. 441-458.

有利于本地区社会经济发展的稀缺资源，从而表现为策略互动。[①]上述理论通常在说明地方政府之间财政竞争策略互动机制方面具有代表性。Razin和Yuen利用跨国面板数据进行回归发现，环境质量并不会随着人均收入增加而持续降低，反而呈现出倒U形或者N形曲线，即经济增长与环境质量短期内呈负相关，经过拐点后环境质量随着人均收入不断提高，两者长期呈正相关，即存在环境库兹涅茨曲线倒U形走势。[②]Revelli通过不同地方政府之间的财政行为策略互动分为不同的溢出效应、税收竞争和支出竞争以及地区之间的逐顶竞争或逐底竞争。[③]后续其他学者的实证研究对上述财政竞争行为进行了检验和回应，Baicker对地方支出总量和结构进行检验后得出地方支出具有显著溢出效应。[④]Gilardi等分析了公共支出和经济增长之间的关系，认为美国的公共支出可能在邻居之间产生溢出效应。[⑤]

2. 地方政府行为扭曲往往会改变地方政府所面临的激励，相关研究普遍揭示了类似现象。例如，在政治晋升激励与地方政府支出偏向的关系中，傅勇、张晏通过研究发现财政分权在和基于绩效考核的政治竞争相结合时往往会造成地方政府公共支出“重基础建设，忽视公共服务”的结构性扭曲。[⑥]方红生、张军认为，在中国式分权的治理模式和预算软约束相互作用下，中国地方政府实际上采取了经济衰退时期比经济繁荣时期更加积极的扩张性政策，这符合传统宏观经济学中的假定。[⑦]尹恒、朱虹基于市县数据证实了中国县级政府所具有的生产支出偏向，认为县级决策者主要对上级负责，在此理念的指导下，通常为促进经济高速增长，而并不完全以居民福利最大化为导向，故地方政府财政决策偏向生产性支出。[⑧]陈思霞、

---

① Wildasin D. E., 1998:“Risky local tax bases: risk-pooling vs. rent-capture”, *Journal of Public Economics*, Vol. 69 (2): pp. 229-247; Brueckner J. K., 2000:“A Tiebout/tax-competition model”, *Journal of Public Economics*, Vol. 77 (2), pp. 285-306.

② Razin A., Yuen C. W., 1999:“Optimal international taxation and growth rate convergence: Tax competition vs. coordination”, *International Tax and Public Finance*, Vol. 56 (1), pp. 61-78.

③ Revelli F., 2005:“On spatial public finance empirics”, *International Tax and Public Finance*, Vol. 49 (12), pp. 475-492.

④ Baicker K., 2005:“The spillover effects of state spending”, *Journal of Public Economics*, Vol. 89 (2), pp. 529-544.

⑤ Gilardi F., Wasserfallen F., Braun D. et al., 2016:“How socialization attenuates tax competition,” *British Journal of Political Science*, Vol. 46 (1), pp. 45-65.

⑥ 傅勇、张晏:《中国式分权与财政支出结构偏向：为增长而竞争的代价》,《管理世界》2007年第3期。

⑦ 方红生、张军:《中国地方政府竞争、预算软约束与扩张偏向的财政行为》,《经济研究》2009年第12期。

⑧ 尹恒、朱虹:《县级财政生产性支出偏向研究》,《中国社会科学》2011年第1期。

卢盛峰通过实证研究发现，深化财政分权改革过程中给予地方基层政府充分财政自主决策权，该决策体制明显提高了当地基础建设投入占比，降低了民生性保障支出比重。[①]罗党论等认为，地方官员任期内的晋升速度与其所在辖区的经济增速存在显著关联，说明在财政分权与官员晋升体制下，地方官员普遍面临着优先发展经济的晋升激励，存在民生性公共服务提供不足的倾向。[②]

非经济性公共物品与地方政府支出偏向。乔宝云等发现，财政分权并没有使小学义务教育的数量和质量得到有效供给，这与传统理论认为通过"用手投票"和"用脚投票"两种机制可以提高教育、卫生、社会保障等社会福利水平有所不同，特别是人口流动障碍及地区性差异导致地方政府行为追求资本投资与经济增长率，向地区间财政竞争挤占外部性较强的准公共产品性质支出。[③]皮建才等指出，官员的晋升激励使得他们追求地区GDP的增长，从而加剧地方政府间的发展型公共物品竞争，忽视民生型公共物品的供给，加剧了雾霾天气、水污染等环境问题。[④]杨良松、任超然基于市级面板数据分析认为，各省市内部与县乡级政府的财政支出分权对义务教育支出有显著正向影响，需要重视县乡级政府的义务教育发展角色，区分财政支出分权和财政自主性分权差异，引领县乡级政府忽视教育的倾向。[⑤]

3. 现有研究多从支出结构和规模两方面考察支出竞争对环境污染的影响，主要是地方政府策略互动影响经济增长，并对环境造成影响。周黎安通过政治晋升理论视角，分析地方政府财政策略互动带来的经济增长效应，提出地方官员出于快速的政治晋升动机而大力发展经济，在此基础上建立晋升锦标赛理论模型，引出地方政府和官员存在以牺牲环境保护为代价换取当地经济增长的现象[⑥]，该晋升锦标赛分析框架成为后续学者研究中国地区财政竞争与中国经济增长相关议题的基本路径。郭庆旺、贾俊雪

---

① 陈思霞、卢盛峰：《分权增加了民生性财政支出吗？——来自中国"省直管县"的自然实验》，《经济学（季刊）》2014年第4期。

② 罗党论、佘国满、陈杰：《经济增长业绩与地方官员晋升的关联性再审视——新理论和基于地级市数据的新证据》，《经济学（季刊）》2015年第2期。

③ 乔宝云、范剑勇、冯兴元：《中国的财政分权与小学义务教育》，《中国社会科学》2005年第6期。

④ 皮建才、殷军、周愚：《新形势下中国地方官员的治理效应研究》，《经济研究》2014年第10期。

⑤ 杨良松、任超然：《省以下财政分权对县乡义务教育的影响——基于支出分权与财政自主性的视角》，《北京大学教育评论》2015年第2期。

⑥ 周黎安：《中国地方官员的晋升锦标赛模式研究》，《经济研究》2007年第7期。

对地区财政支出结构及其策略互动机制进行实证考察，并探索支出竞争对经济增长的影响。[①]余长林、杨惠珍分析分权体制下中国地方财政支出结构对环境污染的影响显示，中国地方政府的财政支出规模对环境污染的总体效应存在不确定性，原因主要是地方政府之间的财政支出过程形成的结构效应和替代效应此消彼长，降低了环境污染的实际水平，增长效应则提高了地方环境污染水平；在地方政府财政支出中，如果经济建设支出水平提高，将提升当地环境污染水平，而加大当地社会服务性财政支出则有助于降低当地的环境污染水平。[②]

在支出结构方面，大多数研究认为生产性支出的增加会加剧环境污染，而非生产性支出的增加会减轻环境污染。肖容、李阳阳从碳排放视角进行研究，认为经济建设支出、行政管理支出和社会保障支出与碳排放量存在正相关。碳排放量越大的区域，财政支出对碳排放量增加作用越明显，财政政策对中高排放区的二氧化碳排放产生影响。[③]王艺明等从碳排放视角探究财政支出结构与环境污染的关系后认为，在财政支出总规模保持不变的情况下，增加生产性公共品支出比重或减少非生产性公共品支出比重会增加碳排放量。[④]

陈思霞、卢洪友考察财政支出结构对环境污染的影响后认为，非经济性公共支出有利于提高消费者的收入水平，消费者会对环境质量提出更高的要求，并倒逼企业治理污染；增加非经济性公共支出会降低环境污染水平。[⑤]卢洪友等通过研究 103 个环境重点保护城市 2007 ～ 2012 年的数据实证后发现，中国财政支出结构对消费型环境污染影响以环境规制效应为主导，而环境规制效应受地区廉政环境影响。提出释放消费需求，降低或规避消费型环境污染，将财政支出的重点进一步转向教育、环保等非经济性领域，创造有利于发挥财政支出结构调整效应的廉政环境，以促进中国绿色发展的政策建议。[⑥]

---

① 郭庆旺、贾俊雪：《地方政府间策略互动行为、财政支出竞争与地区经济增长》，《管理世界》2009 年第 10 期。

② 余长林、杨惠珍：《分权体制下中国地方政府支出对环境污染的影响——基于中国 287 个城市数据的实证分析》，《财政研究》2016 年第 7 期。

③ 肖容、李阳阳：《财政分权、财政支出与碳排放》，《软科学》2014 年第 4 期。

④ 王艺明、张佩、邓可斌：《财政支出结构与环境污染：碳排放的视角》，《财政研究》2014 年第 9 期。

⑤ 陈思霞、卢洪友：《公共支出结构与环境质量：中国的经验分析》，《经济评论》2014 年第 1 期。

⑥ 卢洪友、杜亦譞、祁毓：《中国财政支出结构与消费型环境污染：理论模型与实证检验》，《中国人口 · 资源与环境》2015 年第 10 期。

支出规模对环境污染影响方面，已有文献研究结论不尽相同。屈小娥、袁晓玲的实证研究表明，地方政府的财政支出规模越大，则当地政府可能对市场干预得越多，各种能源的利用效率将越低，这是加剧环境污染的原因。[①]关海玲、张鹏通过考察各地区财政支出总量，得出其与环境污染的关系，即政府财政支出的上升显著降低了二氧化硫的排放，这是因为用于科教文卫的支出，通过人力资本的积累和技术溢出效应，促进了资源的高效利用和污染的不断减少。[②]从政府环保投资角度看，王亚菲通过实证检验发现，环境污染投资，不论是对当年还是上年度的环境污染治理均具有积极作用，在发展较为缓慢的省份或偏远的省份，财政环保投资发挥的积极作用更大；在环境污染较重的地区，财政环保投资相对有限，其发挥作用也不显著。[③]张欣怡除证实了已有的财政支出偏向外，还发现中央的转移支付未能有效缓解地方政府的支出偏向，环境质量改善不显著。[④]

4. 环保事权与支出责任不清影响地方政府财政支出偏向，从而间接影响环境质量等公共服务提供。楼继伟认为，中央和地方事权和支出责任划分不清晰、不合理、不规范制约着市场统一和基本公共服务均等化，对环保支出和公共服务有负面影响。[⑤]张宏翔等分析东、中、西部政府竞争对公共服务均等化呈现地域差异。他基于中国地级市面板数据，检验政府竞争和资本投资对中国公共卫生服务均等化的影响。研究发现，全国政府竞争有利于改善公共卫生服务供给但不明显，东部地区政府竞争改善公共卫生供给，中、西部地区政府竞争遏制公共服务供给，公共卫生服务并不均等。资本投资对于固定性的公共卫生服务产生挤出效应，对可及性和人力性公共卫生服务产生挤入效应。[⑥]贾俊雪、宁静在自然实验环境下识别出改革对县级政府支出结构的因果处置效应，认为省直管县财政体制改革具有职能扭曲效应，强化县级政府以经济增长为导向的支出行为偏差，导致县级政府基本建设支出比重呈现平均增加态势，教育支出比重和医疗卫生支出比重呈现平均下降态势，并将此归因于省直管县这一纵向财政治理结构

① 屈小娥、袁晓玲：《中国地区能源强度差异及影响因素分析》，《经济学家》2009 年第 9 期。

② 关海玲、张鹏：《财政支出、公共产品供给与环境污染》，《工业技术经济》2013 年第 10 期。

③ 王亚菲：《公共财政环保投入对环境污染的影响分析》，《财政研究》2011 年第 2 期。

④ 张欣怡：《财政分权下地方政府行为与环境污染问题研究——基于我国省级面板数据的分析》，《经济问题探索》2015 年第 3 期。

⑤ 楼继伟：《建立现代财政制度》，《中国财政》2014 年第 1 期。

⑥ 张宏翔、张宁川、许贝贝：《政府竞争、资本投资与公共卫生服务均等化——来自中国 1995 ～ 2012 年地级市的经验证据》，《财政研究》2015 年第 4 期。

削弱了省以下协调机制而强化辖区间财政竞争。[①]

四、财政竞争与环境污染研究动态与评述

通过对已有研究文献的梳理发现，国外经典文献主要在财政联邦体制——地方政府具有相应的税率制定权力的背景下展开讨论，这与中国税收实行集权管理体制这样的基本国情存在明显的差异。国内学者针对地方政府间税收竞争与环境污染的关系进行了大量研究，特别是针对财政分权体制下地方政府不具有税率决定权的现实，使地方政府偏向于使用隐形税收竞争、制度外的税收竞争等不同手段来影响辖区内企业的实际税负水平，这给环境质量带来不同影响。税收竞争效果可以分为竞争有效论和无效论，即有利于改善公共服务供给，或可能阻碍地区公共产品供给，甚至加大环境污染。从支出竞争视角阐述在经济支出占优势而包括环境治理在内的非经济性支出被挤占的情况下，这样的支出结构会影响环境治理，上述问题都具有比较完善的研究和明确的研究结论。

进入新时代以来，“党政同责、一岗双责”等相关问责机制加入传统以 GDP 增长为核心的政治晋升锦标赛，这为解决财政竞争与环境污染治理问题提供了新的制度环境。中国环境治理问题面临环保部门受条块双重领导，政策执行受多重目标制约的困境；财政分权使得财政收益最大化成为地方政府行为的支配逻辑，环境执法效力在行政层级执行中逐级递减，造成环境执法困难重重。在此条件下，国家将环境保护上升到前所未有的高度，并将“建设美丽中国”作为强国目标之一，正式提出中国建设的现代化是人与自然和谐共生的现代化，即要创造更多的物质财富和精神财富，以满足人民日益增长的美好生活需求，提供更多的优质生态产品，相应地满足人民日益增长的对优美生态环境的需求。在新时代新的历史条件下，地方政府财政竞争行为必须要考虑除了 GDP 增长以外，包括环境保护“党政同责、一岗双责”等在内的新晋升锦标赛要求。

综上研究可见，对于财政分权与环境污染的关系既有共识也有分歧，这与数据时限、财政分权指标、实证方法的选择有关，在新时代研究财政竞争与环境污染治理，需要考虑问责机制等新的重要晋升因素；财政分权影响行为主体，最终表现为环境质量在已有定性描述的基础上，还需要对其机理进行实证回应。本研究拟考察财政竞争与环境污染空间效应、地方

---

① 贾俊雪、宁静：《纵向财政治理结构与地方政府职能优化——基于省直管县财政体制改革的拟自然实验分析》，《管理世界》2015 年第 1 期。

政府在税收竞争与支出竞争中的行为方式、财力和支出责任匹配程度对地方政府环境污染治理的影响，探讨财力缺口、财力与支出责任偏离度如何扭曲地方财政支出行为和环境效果，通过对省、地级市财力与支出责任匹配面板数据进行分析，力求找到与定性假设相符合的证据。

从学术价值特色上看，本研究拟从财政分权、地方政府竞争和环境协同治理视角，分析地方政府支出偏好对环境质量的影响，为理解环境污染和治理提供新视角，提出以政府间合理的环保事权和支出责任划分为核心的财政关系是推进环境治理的基础和重要支柱，不断丰富环境污染治理的“制度路线”。从应用价值上看，本研究拟通过构建有效的激励与约束传导机制和倒逼机制，提高地方政府治理环境污染的积极性，引导地方政府环境污染协同治理。在财政分权体制下，力求财力、环保事权与支出责任匹配，形成地方政府环境污染治理压力和动力，在此基础上提出经济发展与环境污染治理目标兼容和激励相容、改善环境治理的政策建议，为完善环境污染治理，加快生态文明体制改革，建设美丽中国和实现生态文明提供现代财政智慧。

第三节 研究内容与研究方法

一、研究对象与总体框架

本研究在财政分权催生财政竞争、传统政治晋升和以环保问责为核心的新晋升体制背景下，以政府间税收竞争和支出竞争对环境污染效应为研究对象，围绕调整环境污染支出结构与规模，将经济发展与环境治理相结合，提高地方政府环境污染治理的主动性和积极性，形成地方政府高质量发展与环境治理目标兼容，污染治理动力和压力激励相容的环境污染治理思路。通过分析地方政府环保事权与支出责任偏离问题，探讨从晋升锦标赛到环境保护“党政同责、一岗双责”等新的发展变化过程，廓清环境污染形成的财政竞争原因，为建设美丽中国和实现生态文明发展提供财政智慧支持。

本研究以财政竞争和环境治理为主线，揭示财政竞争和制度安排对地方政府利益动机、目标定位和行为选择的影响，以及对环境污染和治理的作用，建立地方政府税收竞争和支出竞争行为与环境污染效应模型，通过实证分析地方政府财力与支出责任偏离问题，探讨地方政府环境污染治理的选择，剖析财政分权变迁中环境污染产生的财政竞争原因。

本研究主要内容涉及财政竞争形式、机制和相关主体之间的博弈行为，税收竞争的存在性与对生态效率的影响，支出竞争的存在性与影响机制，以及环保事权与支出责任匹配条件下的中央和地方政府财政行为。通过研究阐述中国财政分权与财力支出责任不匹配的关系，探讨造成财力与支出责任不匹配的原因。阐述财政竞争对环境污染的影响，提出建设生态文明和美丽中国的财政思路。研究总体框架与路径参见图 1-2。

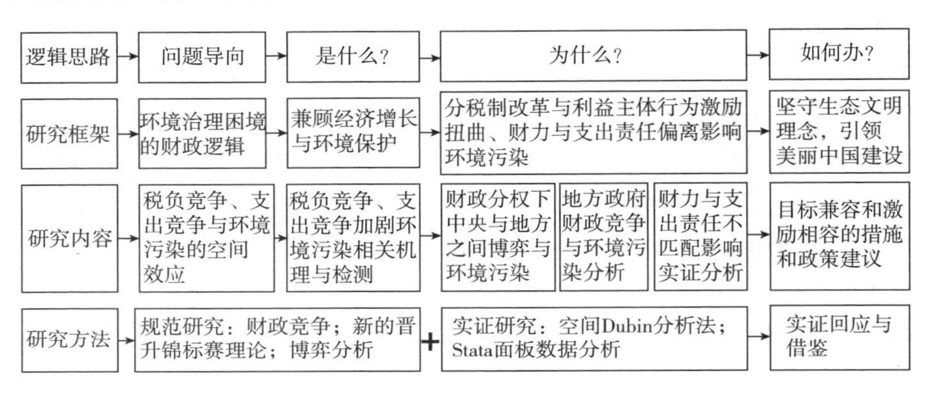

图 1-2　总体框架与研究路径

本研究的重点包括以下方面：

1. 财政分权条件下地方政府的财政竞争对环境质量的影响机制。围绕提高地方政府生产性支出、降低环保标准等财政竞争行为对环境的影响，分析其背后的财政竞争因素，理清财政竞争与地方政府环境污染形成与治理思路。围绕主要行为主体的博弈行为，提出完善官员绩效评价体系和健全官员问责制度，避免“资本俘获环境规制”的治理困境。

2. 环保事权、财力与支出责任偏离如何影响地方政府环境治理行为。在既定的财政分权条件下，通过剖析财力缺口、财力和支出责任偏离指标，从实证角度阐述地方政府在面临财力缺口时的环境治理行为。通过实证分析财力缺口、财力与支出责任偏离程度对环境污染的影响，结合地级市面板数据，为地方政府环境污染治理提供实证支持。

3. 合理划分中央和地方环保事权和支出责任，实施促进有序竞争的财税政策，为建设美丽中国提供选择方案。合理划分中央和地方环保事权与支出责任，配合环境转移支付，实施横向和纵向环境生态补偿，开展跨界环境治理与合作，形成目标兼容和激励相容的环境治理政策。

本研究拟通过分析财政竞争与环境污染的机理与路径，深化对于财政竞争影响环境污染机制和渠道的认识，通过制度调整和政策修正，理清各级政府的环保事权和支出责任，加快生态文明体制改革，打赢污染防治攻坚战，实现如下研究目标：

1. 环境污染与分税制改革条件下，地方政府追求经济增长时，进行环境治理应该成为地方政府追求高质量发展的必然选择。通过揭示财政分权条件下税收竞争与支出竞争的环境空间效应，得出部分地方跨越环境库兹涅茨曲线拐点的结论，说明完善财政分权、缓解财政竞争压力应该成为地方政府促进生态文明建设和打赢污染防治攻坚战的努力方向。

2. 明确财力、环保事权和支出责任偏离对环境污染的影响。通过提出研究命题与构建检测模型，研究横向和纵向财政失衡对环境污染的影响，分析财力与支出责任不匹配对环境污染的影响，同时对进入新时代前后相关年份污染物排放量进行实证分析，说明生态文明建设在中央和地方政府高度重视的条件下，环境污染治理的新情况以及发生的积极变化。

3. 在财力与支出责任匹配的条件下，根据目标兼容和激励相容的原则，以合理划分环保事权和支出责任为重点，推进地方政府环境污染协同治理，提出环境监管和治理困境的措施和建议，进一步提升地方政府环境治理水平，加快生态文明建设速度，以此促进美丽中国建设。

二、研究思路与研究方法

基本思路是以财政分权条件下的财政竞争与环境污染变化为主线，围绕财政竞争对地方政府环境污染空间效应，运用全国和地市“三废”相关数据设定指标体系，利用空间统计与计量等方法，对地方政府环境污染治理有效性进行检验，重点在于研究财政分权条件下的财政竞争与环境污染关系，通过财力与支出责任偏离实证分析财力支出对环境污染治理水平的影响，提出探求目标兼容和激励相容的财力与支出责任安排，为实现地方政府环境污染治理、建设美丽中国和实现生态文明提供财政政策建议。

根据上述思路，主要拟采用博弈论分析法、空间统计与计量分析法等。其中，空间统计与计量分析拟采用空间杜宾模型（Dubin Model）和Matlab等工具分析区域间财政分权与环境污染效应，利用全国和地市环境污染数据、财政支出数据验证地方政府环境污染治理效果，拟采用Stata面板数据模型分析财力、环保事权不匹配和环境污染之间的关系。面板数据使用方面，实证分析地方政府财力与支出责任不匹配的关系如何对环境污染造成影响，考虑中国财政分权制度设计所具有的特点以及对地方政府官员的激励。分析财政竞争对环境污染产生的影响，通过模型的设定、指标构建、假设、数据筛选与处理、结果解释等，基于Stata面板数据模型，使用地级市环境污染数据、财政支出数据以及其他数据进行验证，力求验证理论推演部分的结论。

三、核心概念与理论基础

（一）本研究核心概念

1. 税收竞争。税收竞争是本研究核心概念之一。Mintz和Tulkens认为税收竞争是政府通过提高或者降低税率以改变自身与其他政府间税率的对比状况，从而影响税基流动的行为。税收竞争表现为各级政府主体竞相降低税率的行为，这种行为可能带来税收收入的减少，从而降低公共服务水平。[①]Wilson认为广义上的税收竞争可以定义为不同的政府基于自身相对独立的利益自主设定税制的行为，狭义上的税收竞争可以定义为相互独立的政府采取非合作方式制定的足以影响流动性税基流动及配置税制的行为。[②]Richter和Wellisch将税收竞争定义为一级政府为吸引流动性税基而降低税率的行为。地方政府税收竞争采取的手段主要是通过法律程序降低法定税率，利用低税率吸引企业投资。[③]Alfano和Salzano认为税收竞争是一级政府调整税率以适应其他政府税率调整的行为。税收竞争是政府之间税收行为的互动，即一个政府税收行为影响相邻政府税收政策的制定。[④]

本研究认为，税收竞争的内涵是地方政府为了吸引流动性税基，促进本地区行业发展，以及带动地区经济社会发展而通过各种手段降低行业实际税负的行为。政府制定的，凡是能够促进本地区经济社会发展、提高社会福利水平的税收手段都可以称为税收竞争，表现是地方政府为获得流动性税基而降低税率，主要目的是吸引流动性税基。通过法律程序降低法定税率，利用低税率吸引企业投资。

本研究认为，狭义的税收竞争主要是围绕税率设置、税种设置、税基调整、征税环节变动等开展的税收优惠竞争。而广义的税收竞争除了以上

---

① Mintz J.，Tulkens H.，1986："Commodity tax competition between member states of a federation: equilibrium and efficiency"，*Journal of Public Economics*，Vol. 29（2），pp. 133–172.

② Wilson J. D.，1986："A theory of interregional tax competition"，*Journal of Urban Economics*，Vol. 19（3），pp. 296–315.

③ Richter W. F.，Wellisch D.，1996："The provision of local public goods and factors in the presence of firm and household mobility"，*Journal of Public Economics*，Vol. 60（1），pp. 73–93.

④ Alfano M. R.，Salzano M.，1999："The effect of public sector on the financial sector: An NN approach in a view of complexity"，*Neural Nets WIRN VIETRI–98*，pp. 248–254.

的内容，还包括对企业的财政补贴、不同程度的财政返还、对企业的投资补贴、对企业放松税收征管、降低土地出让金、企业开办过程中的规费减免等，一系列围绕政府优惠活动而展开的相应竞争。从总体上看，以增加税收收入为目的而采取的各种手段，争取有形的或无形的生产要素或其他经济资源而展开的政府之间的竞争，都可以称为广义的税收竞争，而本研究多聚焦于狭义的地方政府税收竞争行为。

研究中国税收竞争首先要考虑中国税收管理实际。中国税收立法权高度集中，地方政府没有税收立法权限，无法影响税率变动、税种设计等。传统西方经典理论所述的税收竞争的空间较小且作用有限，中国地方政府间更大的税收竞争空间反映在地方政府围绕经济资源采取的系列竞争措施，不仅包括地方性的税费减免、财政返还、财政补贴，还包括降低税收征管力度、减免土地出让金等经常出现且又十分有效的税收竞争方式。

与国外地方政府税收竞争形式不同，中国地方政府间税收竞争的手段主要是争取或者自设税收优惠、降低税收征管努力程度和财政补贴、降低环境保护标准等，变相地降低企业税收负担。地方政府税收优惠可以概括为少收（即税收优惠、降低税收征管努力程度以及降低环保标准等）和多给（即税收补贴和税收返还），具体可以概括为以下方式：

（1）税收优惠。税收优惠是地方政府对纳税人或者征税对象实施优惠政策以免除或减轻纳税人税负的形式。狭义的税收优惠主要是减免税政策，广义的税收优惠是除此之外以先征后返、税收抵免的方法减轻纳税人税负的鼓励性政策。[①]而按具体的税收优惠对象分类，税收优惠可以分成税率优惠、税基优惠、税额优惠和纳税时间优惠等不同形式。

税率优惠是通过降低企业缴纳税的税率减轻纳税人税收负担，地方政府税收竞争中的税率优惠主要是税率减征和优惠税率，地方政府进行税收竞争通常以企业所得税税率优惠作为竞争手段。地方政府针对企业所得税进行的税率优惠政策是在应付所得额不变的情况下降低税率。虽然企业所得税是中央与地方共享，但是由于企业所得税税收规模庞大，在地方财政收入中占比很大，因而地区间税收竞争的主要方式便是针对企业所得税税率制定优惠政策，以降低企业应纳税额，减轻企业税收负担，吸引外地资本流入本地，拉动地区经济。地方政府为吸引资本而对企业所得税实行的优惠政策可能使实际企业所得税税率降低到原来税率的一半，某些地区甚至对某种企业施行零税率。总体来看，以税率优惠为手段展开税收竞争的

---

① 制度内的税收优惠是由国家制定的，地方政府没有较大的博弈空间，地区税收竞争主要通过制度外的税收优惠展开竞争，以吸引投资，拉动地区经济。

效果显著，而地方政府开展税收竞争在很大程度上是围绕企业所得税实际税负的变动展开的。

税基优惠形式包括投资抵免、资产加速折旧、减计未来收入等不同种类。投资抵免主要是政府为了鼓励企业投资，促进产业结构优化升级，加快企业技术改造和产品更新换代步伐，允许企业按照在鼓励性行业或者地区的投资额全部或者部分抵扣税收，减轻企业税收负担，降低产品成本，提升企业及其产品的市场竞争力，增强其经济实力的同时促进相关行业和地区的发展。

（2）税收返还和财政补贴。税收返还是对当地企业的地方财政补贴的转移支付行为，在税法规定的范围外地方政府用来吸引资本的主要手段，是地方政府间税收竞争的一种行为，目的是降低企业实际税负以吸引资本。地方政府通过先征后返、即征即退的方式进行税收返还，以此吸引企业投资。在地方政府竞争中不断对其进行弹性处理和变通，形成名目繁多的税款返还，加剧各地区之间的竞争。

税收返还在吸引资本的同时也会带来不良后果，即可能助长企业投机行为，一些企业为了获得优惠而搬迁到该地区，待期满后搬出，或者期满后更名注册新企业，继续享受税收返还优惠。一些中小企业因为享受不到税收返还而税负较高，在竞争中处于劣势，不利于市场公平。

只要地方政府拥有独立的财政权力和财政资源，出于自身利益的考虑，地方政府对部分企业进行财政补贴和税收返还几乎难以避免。地方政府具备较大的财政权力，拥有相当程度的经济剩余索取权和控制权，逐渐积累了较为独立的经济利益，成为实际上的市场参与主体，通过各种形式参与市场经济活动。

财政补贴是地方政府在税收竞争中的一种有效竞争工具，由于各地都在争夺流动性税基进入本地，促进本地经济社会的发展，各地政府都给予在本地落户的企业一定的财政资金支持。地方政府往往对竞争性企业进行补贴。[①]补贴形式包括企业扶持发展资金补贴、中小企业担保补贴、商标注册补贴等不同名目；按照企业运营环节的不同，税收补贴可以分成投资性

---

① 这种对竞争性企业的补贴最容易引起一些专家学者批评的是对最具有竞争力的上市公司进行补贴。上市公司年报显示，2014 年度在上海证券交易所的上市公司中有 113 家出现亏损，这些公司年报显示都无一例外地获得了当地政府补助。上海市《天使投资风险补偿管理暂行办法》规定，上海市对风险投资机构投资种子期和初创期项目而发生损失给予六成和三成补贴。一些地方政府财政补贴主要是对上市公司进行的优惠，除了经济发展的原因外，由于资源要素的流动性，纳税规模大的上市公司以迁出当地为筹码向地方政府索取更多的税收补贴，地方政府为留住资本和税基，只好加大对企业的补贴力度。

补贴、研发类补贴、生产性补贴、流通性补贴等不同类型。这些财政补贴形式因多数地方政府只做不说而缺乏必要的公开性。随着内外资企业所得税实现统一税收优惠，地方政府在财政补贴方面的操控空间受到压缩，政府开始从减免土地出让金、费用及放松征管力度上展开税收竞争，成为新的税收竞争形式。为促进本地区经济发展，吸引外部企业来本地投资，财政补助已经成为地方政府吸引企业落户，将企业留在本地的重要手段。

（3）放松税收征管努力程度。中国在税收制度上是单一制，地方政府没有税收制定权，但地方政府在税收征管方面具有较大的自由裁量权，税务部门拥有技术层面上的征管权力，地方政府可以以吸引外部资本为目的，通过不同程度的主观努力，即实施标准不一且努力程度有差异的税收征管，对辖区企业进行不同环保标准的管理——降低或者提高环保标准。有的地方政府通过放松税收征管力度、降低企业税负来吸引资本。

税收征管努力程度是在税收可以征收的范围内，税务部门实际征管努力程度的大小，这是主观评价指标，税收征管努力程度的评价是对实际税收征管努力程度与理想状态下税收征管努力程度进行对比，两个指标都比较主观，因而难以客观评价税务部门的税收征管努力程度。

按照法定税率以及对本地区企业收入数据的估计，可以在一定程度上确定理想状态下的税收征管努力程度，企业实际缴纳的税收可以在一定程度上衡量税务部门实际的税收征管努力程度。这种衡量只是一种粗略的估计，难以精确确定实际状态，因为税收征管努力程度评价的主观性以及估计过程存在较多困难，所以降低企业税收征管努力程度成为地方政府税收竞争中最为常用的手段之一。

从企业角度讲，缴纳税收意味着收入降低，进而利润减少。作为参与经济活动的理性人，企业从主观上就有少缴税甚至不缴税的动机，如果地方政府为了吸引企业在本地投资，在一定程度上默许其行为，企业显然会将缴纳的税收降到最低。

从税务部门角度看，除了地方政府为了和其他地区进行竞争而降低税收征管努力程度之外，税收计划的存在也一定程度上影响了税务部门的税收征管努力程度。由于税收计划的存在，税务部门征税的目的主要是完成税收计划而非应收尽收。对于税源充足的地区，税务部门在完成当年税收任务之后，征税的努力程度会出现下降。在某些地区出现为完成税收任务而进行的“买税”和“卖税”行为，即通过改变企业注册地从而改变企业纳税地的办法，税源丰富的地区将部分税基划归到税源贫乏地区帮助后者完成税收任务。税源丰富的地区除了从中获得一定的返还之外，还会降低本年度税收，在完成税收计划的同时，又不至于将来年的税收基点拉得过高，以至于来年无法完成税收任务。

通过以上分析可见，地方政府税收部门在主观和客观上都有降低税收征管努力程度的倾向，企业也有降低税费的需求。这种变相的供给和需求共同造就了地方政府在税收竞争中采取降低税收征管努力程度的手段。

（4）降低环境保护标准。根据外部效应理论，政府应该根据企业对环境造成的污染对企业征税，用以弥补企业成本与社会成本之间的差额，将外部效应内部化，地方政府环保部门降低企业环保评估标准——事实上的变相减税，即税收竞争手段。由于当地政府与居民的效用函数不完全一致，政府目标在于吸引企业进入并促进经济发展，为官员政治晋升增加可能性。降低企业环保标准，意味着企业如果在本地投资，可以将一部分生产成本转嫁给当地居民且不承担任何费用，这将提升企业利润率。政府吸引投资的冲动与企业降低成本的需求不谋而合，因而降低环保标准成为地方政府税收竞争手段之一。

2. 支出竞争。除了税收竞争以外，地方政府间财政竞争还存在支出竞争。财政支出竞争理论认为，所有政府都是竞争性政府，任何一个政府在资源与控制权的分配上均与其同级政府或上级政府处于相互竞争状态。形成经济利益相对独立的地方政府主体，这是地方政府展开支出竞争的前提。在财政分权体制安排下，不同层级的地方政府负责提供本辖区内的公共服务，它享有一定的财政自由度，从而产生不同税收水平和公共服务支出的组合，由此出现财政支出竞争。[①]

财政支出竞争是以财政支出为手段，通过增加公共支出或者改变公共支出结构而展开的各种争夺经济资源或经济活动的行为，财政支出竞争本质上是地方政府的自利行为，地方政府可能为增长经济而牺牲环保。

财政支出竞争可以分为不同类型。按照财政支出竞争目的划分，可以划分为争夺流动性经济资源的支出竞争和争夺经济服务活动的支出竞争。争夺流动性经济资源的支出竞争主要围绕吸收劳动力、资本、产品、技术等而相继开展的支出政策竞争。争夺经济服务活动的财政支出竞争称为财政竞争经济活动，例如，围绕企业投资、企业生产、双方交易、消费活动等经济活动的支出竞争。

按支出竞争手段可分为规模上的支出竞争和质量上的支出竞争。规模

---

① Braid R. M.，1996：“Symmetric tax competition with multiple jurisdictions in each metropolitan area”，*American Economic Review*，Vol. 86（5），pp. 1279-1290.

上的支出竞争指地方政府依靠增加地方公共品的数量来争夺经济资源与经济活动的支出竞争。而质量上的支出竞争指地方政府依靠改善地方公共品的质量来争夺经济资源与经济活动的支出竞争。从现实来看，规模上的支出竞争是有限的，甚至是固定的，因为它要受到支出预算约束、财政收入水平及财政负担能力限制。与其相比，质量上的支出竞争可操作性更强，地方政府既可以通过改善政府的行政效率，又可以通过优化支出结构，提供不同种类的地方公共品来实现。

税收竞争与支出竞争是财政竞争的两种主要形式，但二者又有不同之处。公共财政理论认为，税收可以视为纳税人为享受公共品带来的效用而支付的价格，在公共品供给的总量和质量一定的情况下，纳税人承担更低的税收负担，实际上降低了税收价格，在一定程度上可以认为是政府给予纳税人的一种税收优惠，各地通过减税来降低税收负担体现了税收竞争。而财政支出竞争更多体现的是地方政府通过加大财政支出力度来改善基础设施和公共服务，提供更加优质的公共品和投资环境，以此来吸引外资，进而带动地方经济发展。该过程可能挤占环保支出等公共支出而影响环境污染。现实经济中往往两种竞争形式并存。

（二）涉及的理论基础

本研究的主要根据是财政分权条件下的财政竞争以及政治晋升锦标赛等理论，涉及的主要理论有财政分权、新晋升锦标赛等。

1. 关于地方政府之间财政竞争的理论。分税制条件下，地方政府为了各自区域发展而展开税收竞争和支出竞争，统称财政竞争。税收竞争理论认为，由于政府是理性的，各个政府为了发展辖区经济，对流动性税基展开争夺。争夺的手段就是降低税率，使得企业生产的成本降低以提高其利润。由于企业也是理性的，对政府降低税率的行为会迅速做出反应，部分流动性强的行业将流向税率较低的地区。辖区间这种竞相降低税率，以吸引流动性税基的行为构成了税收竞争。

财政竞争理论假定有不同地区可供要素所有者自由选择；不存在就业机会约束或限制，确保要素流动性；提供的公共产品或税收负担在各辖区间没有外部效应；各辖区以最低成本提供公共产品。在此前提下，人们自由选择居住区域，各地方政府为留住或吸引外区要素将采取各种措施提升公共产品和服务质量。尽管该理论设想与现实存在差距，要素流动受到迁移成本等综合因素影响，但启示着地方政府如何改善环境，提高公共产品供给水平，吸收各种流动要素。

中国地方政府财政竞争同样影响财政支出结构。市场经济运行使得生产要素可能自由流动，分税制条件下地方政府拥有更多自主权力，地方政府有能力去获取流动生产要素。在注重GDP增长考核和官员晋升锦标赛的体制下，地方政府一方面要加快发展本地经济，以政绩信号引起上一级政府关注；另一方面，维护地方利益和自身利益，积极获取各种资源，完成上级政府指标，从税收竞争和支出竞争方面进行努力是推进上述双重任务的实践途径。上述过程需要考虑这些决策行为与环境保护的关系，是做到人与自然协调发展，还是加剧环境污染，以及能否实现环境友好型发展。

2. 新晋升锦标赛理论的引入，即主要体现为从传统政治晋升锦标赛到"环保问责、党政同责、一岗双责"等新实践、新发展、新晋升要求，是对财政竞争与环境污染治理问题的最新研究成果和表述。环保问责等因素进入地方政府传统GDP增长问题，成为新晋升锦标赛的主要特征和要求。政治晋升锦标赛理论对公共选择理论的理性人假设提出了质疑，认为政府及其官员不完全符合经济人的假设，而是存在政治人的倾向。在中国集权型政治体制下，上级政府和官员还是主要依据经济增长来考核下级政府和官员，决定官员的升迁等。在此背景下，各级政府及其官员存在发展地区经济的动力和压力。

政治晋升锦标赛强化了地方政府和官员的竞争机制，发展辖区经济成为当地政府和官员的追求，在一定程度上促进了当地经济的发展。近年来，由于上级政府对下级政府的评价指标发生变化——在关注经济增长的同时，开始关注地区的整体发展。环保问责新机制对于地方政府提出更高的高质量发展要求，环境保护和支出不再像基础教育、医疗等公共物品那样容易被忽视。中国实施的环保约谈制度即上级环保部门约见未能履行环境保护责任或者履行环境保护职责缺位的地方政府负责人或环境部门负责人，依法进行告诫性谈话、指明应改正的环保问题、提出环境整改要求，督促出台环境整改的行政性措施，它的目的是通过公开、直接约谈地方政府和环境部门主要负责人，对其施加政治压力，监督地方政府履行环保主体责任，体现了中国在环境保护等方面独特的政治优势。当地方政府没有落实国家环保法规或没有完成环保任务等情形出现时，环保部门将对地方政府主要负责人进行约谈，以强化地方政府环保的主体责任。这种环保约谈是环保问责的具体形式之一。

20世纪90年代中后期，中央政府以分级包干、分税制等措施施行政治分权与财政分权，解决财政压力、管理距离的问题，调动地方政府发展经济的积极性，却造成环境执法的低效。中国环境治理实行条块双重领导，在横向上，地方环保部门经费划拨、人员编制及晋升流动等方面归地方政府属地化管辖；在纵向上，地方环保部门接受上级环保部门领导。环保约谈以前主要是约谈企业，2014 年 5 月，环保部颁布《环境保护部约谈暂行办法》，环保约谈开始从“督企”转向“督政”，环境与发展的关系走向很大程度上受政府战略决策的影响，很多环境污染问题看似发生在企业，根源上总有政府的影子——地方政府为了促进经济发展，保护甚至包庇企业，因此，约谈地方政府“一把手”是必要的环境执法监督方式。

随着中国居民生活水平的持续提升，环保意识和环境维权意识不断提高，民众对于环境质量和环境保护提出了越来越高的要求，中央政府也越来越强调和重视全国环境保护工作，甚至在全球环境变化等方面承担着越来越重大的责任。中央政府不断加大环保法规建设力度，大力推行环保管理体制改革，重视并加快环保法规修订进程，环保法规和环保问责的权威性不断提高，特别是节能减排考核，在地方官员业绩考核中的地位和权重越来越高。中央政府强调和重视环保部门的执法权威，特别是上级环保部门对下级政府的环保监督和制衡在不断强化。在中国独特的政治体制下，创新性地开展环保督察巡视工作，成为当前环境管理体制的重要抓手，它能够立竿见影地对环境污染问题进行纠正，尽管其长效措施方面还有待加强。上级环保部门直接约谈下级党政领导是这种督察方法的体现。

本研究认为中国地方政府间开展税收竞争不仅仅因为地方政府是经济人，会基于地方政府经济利益而进行税收竞争，政治晋升也是促使地方政府进行税收竞争的动力之一。同时，进入新时代以来，地方政府较大程度地受到“党政同责、一岗双责”等新型问责制的影响。

第四节　研究特色与研究展望

一、研究特色

本研究以财政分权条件下地方政府之间的财政竞争与环境污染为主线，以地方政府环境行为为核心，分析财政分权对地方政府环境利益动机、行为选择以及对环境质量带来的影响。根据上述理论和实证分析结果，改革和调整已有的逆向激励制度，引导地方政府走出环境污染监管和治理困境。通过对本议题的研究，希望为财政竞争与环境污染治理议题带来一些有益的启示与借鉴，也力求在学术思想、学术观点以及研究方法等方面做出一些特色：

（一）学术思想特色

1. 推进生态文明，建设美丽中国的先进环保理念是打赢污染防治攻坚战，解决中国环境保护问题的前提条件。中国的环境污染治理问题要求转变理念，只有环保理念彻底改变，才能从行动上打赢污染防治攻坚战。通过数据分析发现，以进入新时代为标志，在更加重视生态和环境建设条件下，环境污染状况在很多地方表现出新的向好趋势。这在“税收竞争与区域生态效率”“财力与支出责任不匹配”等实证研究部分有详细的分析和论证。

2. 辅之以严格的“党政同责、一岗双责”长效环保问责机制，这是晋升锦标赛的新发展在本研究中的应用。对于像中国这样有着官本位传统的国家，新晋升锦标赛理论更加具有适用性，也有利于发挥国情优势。这样的环保问责机制必须是长期的，以制度方式执行，不能是“运动式”治理。

（二）学术观点特色

本研究提出，以合理划分环保事权和支出责任为核心的财政关系是环境治理的基础和重要支柱。通过对财政分权制度中的环保事权、财力与支出责任匹配问题进行分析，挖掘财政体制错位给环境质量带来的不利影响，找寻特定规则下环境质量变化的因果逻辑，结合地方政府考核激励，寻找改善环境治理的有效安排。

1. 与多数学者研究观点不同，本研究认为治理环境污染、提高环境质量不像基础教育、公共医疗等公共服务那样容易被忽视。从实证角度研究环保事权、财力与支出责任不匹配对环境质量的影响，通过测量财力缺口、财力与支出责任偏离度衡量地方政府财政面临的压力绝对值和相对值，分析财力与支出责任不匹配对环境质量造成的影响。研究显示，环境污染和治理不像教育等公共服务那样容易被忽视。

2. 实证研究结论表明，中国大部分地级城市已经表面上跨过了环境库兹涅茨曲线拐点，加之近些年大力推进生态文明建设，地方政府对环境保护的重视程度显著提高，一定程度上脱离了“先污染后治理”的发展模式。该判断也可以由外商直接投资证实：回归结果显示，外商直接投资额越高，污染水平越低，中国已经不再是外资眼中的“污染天堂”，环境质量并非如综述中有的学者所述那样易被地方忽略。在地域差异方面，东部地区会比其他地区排放更少的工业二氧化硫和工业烟（粉）尘，但类似趋势也会随着生产工艺升级、清洁生产设备投入等而改变。

3. 地方政府之间发生的税收竞争和支出竞争与环境污染治理之间具有内在联系。这可以从传统以GDP增长为主要内容的晋升锦标赛理论中得到说明。在新的历史条件下，通过环保问责等形式赋予晋升锦标赛新的内涵，也说明财政竞争在其中的重要作用。通过在既定模型和变量条件下实证分析得出，税收竞争、支出竞争与环境污染存在显著关联，它们在东、中、西部区域分别表现出不同的环境空间效应，税收竞争对于区域生态效率的影响也是不同的。环境污染治理需要从规范和行业性税收优惠着手，税收优惠需要将地区宏观税负细化到行业税负，将区域性减税与行业精准减税相结合，为总体降低税负与分行业精准减税提供理论支持。而在规范支出竞争方面更加需要强调环保事权和支出责任的合理划分，通过财权划分或转移支付等不同形式，与地方政府相应的财力配合，以规范和富有约束力的方式推进环境污染治理和生态文明建设。

4. 根据既有模型和变量条件的实证分析，支出竞争与环境污染存在显著关系，特别是在进入新时代以来，相关实证数据说明环境污染和治理方面已经出现新的变化。本研究从财力与支出责任不匹配对环境污染水平会造成影响出发，为财政竞争和环境污染提供实证支持。在数据选择上，地市级政府相较省级政府来说更具有针对性，因为财力与支出责任不匹配问题主要发生在基层政府，同时地市级政府的数据量更大，更具有普遍性。在污染指标的选择上，本研究选取了工业废水排放量、工业二氧化硫排放量以及工业烟（粉）尘排放量等具有代表性的环境污染指标。在被解释变量的构建上采用“财力缺口”衡量地方政府面临的财政压力的绝对值，创造性构建“财力与支出责任不匹配程度”来表示地方政府面临的财政压力的相对值，以求更精准地测量财力与支出责任不匹配所造成的影响。

在进入新时代之后，经济新常态成为主旋律，调结构、促改革成为宏观调控方向，为整合分散的环保职责组建了生态环境部，为大力治理环境问题逐步扫除阻碍，加之生态文明建设的提出，进入新时代后的地方政府官员所面临的GDP考核压力和环境考核压力变得截然不同，作为具体落实政策的地方政府必将有着对应的改变。

二、研究展望

财政竞争与环境污染治理是一个与时俱进的研究课题，由于外部环境变化和所处经济发展阶段不同，在建设生态文明和美丽中国以及推进高质量发展新阶段，特别是实施“党政同责、一岗双责”等严格问责制度以来，需要更加细化此议题的研究方式和方法，未来深入研究建议包括：

第一，根据已有论证结论，分别对某些区域的实际情况和具体案例进行对照；通过必要的案例调研分析，与本研究实证部分相互照应和补充，切实将逻辑性与历史性结合起来。

第二，未来研究在衡量财力时还需要将地市级政府获取的转移支付考虑进来，一般转移支付虽然不能完全缓解地方政府财力薄弱的局面，但是仍有一定作用，未来可以考虑将转移支付与地方环保支出联系起来。

第三，在模型设定上并非尽善尽美。本研究模型涉及基本控制变量，未来每年环境专项治理投入等变量应当纳入模型，由于地市一级的此类数据很难完全获取，这可能成为潜在的遗漏变量。未来可以借助大数据等手段持续推进数据更新和补入工作，以将该研究引向深入。

第二章　政府间财政竞争博弈与环境污染形成

在分析财政竞争与环境污染议题时，需要事先对财政竞争与环境污染两者的逻辑关系进行说明。上一章明确了地方政府税收竞争和支出竞争的手段，可以用地方政府税收竞争与支出竞争不同的博弈策略展现税收竞争和支出竞争的情况。对该议题涉及的参与方行动方案、博弈均衡等进行规范分析，此后章节的税收竞争和支出竞争与环境污染之间的效应实证分析可能对此规范分析结果提供必要的回应或印证，或者再进行具体的说明。

第一节　地方政府财政竞争与环境污染机理

一、地方政府税收竞争外部性与环境污染治理

1. 地方政府税收竞争外部性与环境污染治理。税收竞争常通过降低环保标准或选择性执行环境标准行为直接影响区域环境质量。环境污染是最为典型的负外部性产品，是因为企业排污所导致的社会边际成本大于私人边际成本而出现两者的不一致，如果没有外部力量予以校正，实际上是在“奖赏”环境污染行为，最终导致企业污染物排放量大于社会最优水平，这是导致市场失灵的原因和表现形式。解决上述市场失灵问题可以通过税收的办法将外部成本内部化，即庇古税原则。

根据经典理论所提出的“谁污染谁治理”的原则，在污染信息来源和相关成本清楚的条件下，地方政府可以通过税收等经济手段，或根据环境承载力实施行政手段对环境污染行为进行规制。在现实的经济运行过程中，上述经济干预或政府规制并不一定能取得满意的效果，特别是当地方政府主要的财政收入与污染排放企业相关时，地方政府很可能采取放松环保执法力度等行为，以保证其财政收入，导致现实中的环境污染这一市场失灵难以及时校正。

市场环境主义学派理论提出，可以通过市场信号例如税收、补贴或罚款等手段促使企业或个人调整其经济活动和经济行为，还可以通过设计可交易的许可证制度、排污收费制度、产权制度等，促使环境污染外部效应实现内部化，即一个企业组织内部对环境污染进行处理，避免对外部环境造成再次污染。而环境干预主义学派理论提出市场治理本身存在缺陷，加上环境这一公共产品外部效应特征明显，环境治理离不开政府行政干预或相关市场机制设计与安排，因而采取适当、有效的法律手段是成功推进环境治理的重要手段。政府如果能及时实施“命令—控制”等政策工具严格推进环境质量标准管制，以严格的法规或禁令约束环境活动和行为，将是治理环境污染的最终手段。而环境自主治理模式理论提出，各级政府应该建立制度有效供给、可信的承诺及相互监督、协同治理等方式，共同促使外部性内部化，有效推进环境治理。

由于环境污染治理具有明显的外部效应，中国当前的环境污染治理受到各种情况约束，特别是受到地方政府政绩考核体制中 GDP 权重较大的激励。而环境问责制度实施力度相对较弱的时候，地方政府坚持以经济建设为中心，这样的行为往往会导致重复建设、地方保护主义的出现，并造成资源浪费和环境破坏等后果。由于资源有限性和环境污染外溢性直接影响相邻辖区环境，政府必须认清环境污染的原因，利用市场力量，采取综合手段激励环境保护的行为，禁止环境污染行为的发生。

2. 地方政府之间的博弈与环境污染治理。博弈论是分析中央或地方政府之间各种竞争行为的基础理论之一。环境污染的形成与治理过程表现为主要环境主体之间的重复博弈过程，具体包括中央政府与地方政府之间的博弈，地方政府之间存在的跨区域环境治理博弈，地方政府与属地排污企业之间的税收行为博弈等方面。财政分权改革之后，中央和地方收支权责划分走出传统的“大一统”的计划财政体制，地方政府成为具有财政利益追求的行为主体。地方政府之间为争夺税收资源展开博弈，由于受到短期利益驱使和绩效考核压力过大，产生了短期化的经济行为，带来“大兴土木”和重复建设等问题。同时，地方政府在环境跨界治理方面也存在着竞争，由于环境治理的外溢性和环境治理事权与支出责任划分不明晰，地方政府往往采用“搭便车”策略，使环境问题最终陷入囚徒困境。因此，需要构建地方政府间良性的竞争秩序，促进地方政府环境跨界治理。

3. 地方政府作为落实环境治理的治理主体，在环境污染治理方面发挥着不可替代的主角作用。地方政府是发展经济和稳定社会秩序最基本的职能部门，财政分权改革赋予地方政府一定的剩余索取权，这些改革措施促使地方政府逐渐成为独立的经济利益主体，拥有一定的经济资源支配权，对稀缺的社会资源具有较大的控制力和影响力。

税收手段是地方政府推进环境保护和污染治理的工具之一。地方政府税收竞争是对经济资源展开的追逐与竞争，地方政府可以降低企业实际税负或放松对企业的环境规制以吸引企业落户本地。地方政府间税收竞争与环境污染具有密切联系，一方面，税收竞争导致地方政府竞相降低税率，超过一定限度的较低税负水平可能导致环境污染边际外部成本难以获得成本补偿。另一方面，税收竞争可能间接影响地方政府环境政策执行力度，即地方政府可能实施相对宽松的环境执法，放松环境执法自由裁量权，通过降低环境政策执行力度或自由裁量标准，降低企业进入门槛，最终实现地方政府提升经济实力和区域竞争力的目的，尽管这样的竞争行为不一定长期有效；如果其他地方政府纷纷效仿，则会导致环境保护政策在各个主体之间的逐底竞争。

地方政府符合理性人假设，除了追求流动性税基这一经济利益以外，追求晋升等政治因素也是关键性因素。依照政治晋升锦标赛理论，地方政府官员力图获得晋升，而地方经济发展是地方政府官员晋升的重要筹码。地方政府没有税收立法权，事权与支出责任界定不清，也促使地方政府参与税收竞争。

在税收竞争过程中，地方政府的竞争策略可能出现互补性和替代性。同质地区在税收竞争的初期一般会采取互补性策略，竞相降低税率，极易出现税负“低低集聚”的逐底竞争行为。随着税收竞争的开展，部分地区因获得了流动性税基而得到发展，或者在不同质的地区间开展税收竞争。这些财政竞争行为必然涉及环保标准等具体问题，对环境质量带来不同程度的影响。

二、地方政府支出竞争与环境污染的逻辑关系

1. 传统上，地方政府官员的晋升激励以 GDP 增长为导向。地方政府官员晋升博弈模型阐述了晋升激励下的中国经济增长，该晋升锦标赛模型认为，中国政治体制决定了地方政府官员向上级负责，辖区内经济增长成为官员晋升的主要参考指标，它决定了地方政府官员发展经济动机的强烈程度。这种以 GDP 为导向的考核与提拔标准使得民生建设、公共物品提供、环境保护等议题被排在经济发展之后，很大程度上会忽视环境保护甚至牺牲环境质量来寻求经济增长。在政治晋升激励与地方政府支出偏向的关系中，中国财政分权和政治晋升锦标赛相结合时，往往造成地方政府公

共支出“重基础建设，忽视公共服务”的倾向。地方官员普遍面临优先发展经济的晋升激励，以经济增长为考核目标的晋升锦标赛模式能为中国经济高速增长做出合理解释。

2. 财力与支出责任不匹配影响环境质量。在中国的财政分权体制下，中央政府与地方政府进行税收分成，收入在中央与地方政府间进行分配，存在基层政府支出责任相对较多而财力划分方面相对偏低的现象，地方政府支出责任过多而财力薄弱，造成财力与支出责任不匹配，财力短缺将导致环境治理投入不足，这些可能影响环境污染治理。加上地方政府官员晋升激励偏差、非经济性公共物品短缺以及地方政府支出偏向，很容易导致环境质量恶化。随着地方政府支出责任的不断扩大，其财力缺口也不断增大，财政支出压力扭曲着地方政府官员的行为。地方政府往往通过环境管制规制、环境执法检查、对排污企业征税等手段对辖区内环境污染进行治理以及对企业进行污染排放控制。

3. 进入新时代以来，在环境保护领域实施的以“党政同责、一岗双责”为核心内容的环保问责等制度的约束性增强，赋予传统的以 GDP 增长为目标的锦标赛新的内涵，使新晋升锦标赛更加注重环境保护与治理。分税制改革使得财政收益最大化成为地方政府行为的支配逻辑，在地方保护主义庇护下的环境执法常常陷入循环往复的怪圈。先前的环保约谈，包括约谈企业和政府主要领导，其效果并不理想。

而且，随着国家将环境保护上升到前所未有的高度，将建设美丽中国作为强国目标之一，提出中国现代化建设应该实现人与自然和谐共生，既需要创造出更多的物质财富和更丰富的精神财富，充分满足人民日益增长的美好生活需求，也需要提供更多优质的生态产品和生态服务，以满足人民群众不断增长的对优美生态环境的需求。2018 年 4 月，为整合分散的生态环境保护职责，保障国家生态安全，国家组建生态环境部。2014 年 5 月，环保部颁布《环境保护部约谈暂行办法》后，环保约谈开始从“督企”转向“督政”，通过直接、公开约谈地方政府主要领导施加压力，监督地方政府履行环保的主体责任。中央政府加大环保法规建设和环保管理体制改革力度，加快环保法规修订进度，环保法规的权威性得到了提高。节能减排在地方官员的考核体系中地位提高，中央政府强调环保部门的权威，重视上级环保部门对下级政府环境行为的监督。从 GDP 晋升锦标赛到以“党政同责、一岗双责”为主要内容的环保制度的发展，可以较好地反映打好污染防治攻坚战，推进生态文明建设，实现绿色发展的决心，对于地方政府环保支出刚性约束具有较强支持作用。

综上，本研究认为，地方政府在环境治理方面存在两种效应，一是由于地方政府财力不足，环境治理投入减少，从而导致环境污染程度增加；二是由于中央对全国范围内的环境要求逐渐提高，在新时代新晋升锦标赛条件下，环境指标考核在政绩考核中的地位越来越重要，地方政府官员在面临巨大的环境治理压力时，倾向于用各种手段强制减少污染物排放，满足环境考核要求，中央与地方政府以及地方政府之间进行着不同约束条件下的博弈。

第二节　自发模式下的财政竞争与环境保护

一、二元竞争模式与地方政府环境行为选择

由于国家对环保的重视，环保督查对地方政府环境治理形成越来越大的压力，地方政府也越来越重视环保，传统的单纯追求经济增长的一元政治晋升锦标赛理论受到越来越多的挑战。由于环保问责的存在，地方政府官员的“政治竞争锦标赛”已经由之前的一元竞争模式转变为二元甚至多元竞争模式。本部分为探讨地方政府财政竞争与环境治理关系，将重点考察地方政府经济发展和履行环境保护职能之间的博弈关系。[①]

在市场竞争压力下，大部分企业对于生产成本较为敏感。传统的以降低企业实际税负为手段的财政竞争模式对这些企业的吸引力较大，实际税负的降低可能带来各种生产要素的流入或更多企业入驻。[②]这样一来，自然会扩大地方政府的税基，带来地方经济增长、财政收入增加等好处。但是医疗、食品及食品包装材料等行业对环境要求较高，企业选择落户地时除了考虑经济因素之外，会更多地考虑综合环境因素。在这种情形下，地方政府必须在经济发展和环境保护间进行很好的平衡[③]，之前单纯的经济发展一元竞争逐渐演变为经济发展与环境保护并重的二元竞争结构。

以下将就上述情况进行博弈分析。假设参与财政竞争的地方政府为政府 A 和政府 B，两地经济和环境初始状况是一致的[④]，且企业不存在迁移

---

① 地方政府职能具有多样化特点，例如包括发展经济、保障民生、保护环境等责任。

② 当然，由于行业可流动性不同，对实际税负的敏感性也不同。详细请参考王华春、刘栓虎：《行业相对税负差异与税收优惠改革研究》，《国家行政学院学报》2017 年第 3 期。

③ 经济发展与环境保护并不是零和博弈，但是在工业化初期，快速的工业化似乎必然带来环境污染和生态破坏。中国是发展中国家，在环保压力越来越大的同时，经济发展压力依然很大。

④ 本研究重在分析地方政府财政竞争行为对环境的影响，为了分析的简便，所以进行了这个假设。

成本①。市场存在对成本敏感和对环境敏感的企业两家，且每家落户企业给当地政府带来的收益都是 a。如果两地税收和环境状况一致的话，则企业将随机选择落户地点，即落户两地的概率都为 1/2。在本博弈中，二者收益如下：

$$\frac{1}{2} \times 2a + \frac{1}{2} \times 0 = a \tag{2-1}$$

单纯以降低税负为主的财政竞争将降低企业成本，单纯以改善环境为主的财政竞争策略给企业带来环境的改善。假设二元竞争与一元竞争所带来的实际税负降低和环境保护程度是一致的，企业将选择采取二元竞争的地区。②企业落户地将获得两家企业的全部收益 $2a$，而另一地方政府将获得收益零。如果地方政府 A 和地方政府 B 均采取二元竞争策略，那么结果同二者都采取一元竞争策略时一致，两家企业均会随机选择落户地，收益状况也是一样的。本博弈中，二者支付矩阵如下：

表 2-1　税收竞争无成本条件下地方政府财政竞争支付矩阵

		地方政府 B	
		一元竞争	二元竞争
地方政府 A	一元竞争	(a, a)	$(0, 2a)$
	二元竞争	$(2a, 0)$	(a, a)

两个地方政府基于经济收益选择采取的策略，本博弈类似于经典博弈模型——囚徒困境。③求解本博弈，虽然双方采取一元竞争与采取二元竞争的收益状况是一致的，但是由于一方采取二元竞争另一方采取一元竞争，企业将落户采取二元竞争的地区，另一方将一无所获。理性的地方政府都将采取二元竞争策略，所以本博弈的均衡解为（二元竞争，二元竞争），采取二元竞争是地方政府的必然选择，即地方政府在继续发展经济的同时持续保护环境。

地方政府无论是采取降低企业实际税负的税收竞争策略还是采取保护环境的环保策略都需要成本。税收竞争的主要手段是降低实际税负，那么

---

① 实际上企业迁移落户是存在成本的，但是为了分析的简便，这里不再考虑迁移成本。

② 实际情况是，企业对成本和环境都存在一定的容忍度，且有所侧重，所追求的是综合收益最大。本研究将在后面的部分进行详细论证，本部分不予考虑。

③ “囚徒困境”是 1950 年美国兰德公司的梅里尔·弗勒德（Merrill Flood）和梅尔文·德雷希尔（Melvin Dresher）拟定出的相关困境的理论，后来由顾问艾伯特·塔克（Albert Tucker）以囚徒方式阐述，并命名为“囚徒困境”，指两个被捕的囚徒之间的一种特殊博弈，说明为什么甚至在合作对双方都有利时，保持合作也是困难的。

将降低地方政府的财政收入，假设降低数为 l 。[①]地方政府环境保护策略是多样的，既可以通过政府出资的模式进行治理，也可以采取环境管制策略[②]强制企业治理污染。由于地方政府自主治理与采取环境管制策略强制企业治理的收益成本状况较为复杂，将在下一部分进行集中讨论，本部分暂不考虑，即只引入税收竞争成本。在这种情形下，地方政府的收益结构与引入税收竞争成本前一致，只是增加了成本项，其收益变为：

$$\frac{1}{2}\times(2a-l)+\frac{1}{2}\times(-l)=a-l \tag{2-2}$$

在本博弈中，由于以降低企业实际税负为主要手段的财政竞争模式会降低地方政府的财政收入，如果双方都采取相同的策略，企业会在两地之间随机选择，只是增加了企业运营成本。按照之前的假设，如果一方采取一元竞争策略而另一方采取二元竞争策略，那么企业将落户采取二元竞争策略的地区，而采取税收竞争一元策略的地区仍将付出财政收入减少的成本。在本博弈中，二者支付矩阵如下：

表 2-2　税收竞争成本条件下地方政府财政竞争支付矩阵

		地方政府 B	
		一元竞争	二元竞争
地方政府 A	一元竞争	($a-l$, $a-l$)	($-l$, $2a-l$)
	二元竞争	($2a-l$, $-l$)	($a-l$, $a-l$)

求解上述支付矩阵，由于税收竞争策略成本的存在，即使企业没有落户，地方政府仍将支付税收竞争的成本，为负收益而非零收益，税收竞争成本的存在可能强化地方政府二元竞争结构，前提条件是竞争的收益大于成本，即 $a>l$ 。只要满足上述条件，则本博弈的均衡解为（二元竞争，二元竞争），采取二元竞争是地方政府的必然选择，税收竞争成本的存在强化了地方政府保护环境的努力。

二、二元竞争与地方政府环境治理

在二元竞争模式下，地方政府在税收竞争的同时，采取适当策略进行

---

① 这种降低类似于一种沉淀成本，即无论企业是否落户，由于之前落户企业的存在，实际税负的降低都将影响财政收入。

② 环境管制策略包括环保评估、污染罚没、环境保护税等。环境保护税由英国经济学家庇古最先提出，他的观点已经被西方发达国家普遍接受。自 2018 年 1 月 1 日起，《中华人民共和国环境保护税法》施行，依照该法规定对大气污染物、水污染物、固体废物和噪声等四类应税污染物征收环境保护税，不再征收排污费。

环境保护。如上所述，可供选择的策略有地方政府直接支出进行环境治理和对污染企业进行管制而迫使其治理环境。[①]如果地方政府采取了通过直接支出进行环境治理的策略，那么地方政府财政竞争的成本再次增加，除了上述由于企业实际税负的降低造成的减少的财政收入 l ，还存在额外的环境保护支出 e 。与之前的分析一致，如果地方政府采取同样的财政竞争策略，企业会随机在二者之间选择，其收益变为：

$$\frac{1}{2}\times(2a-l-e)+\frac{1}{2}\times(-l-e)=a-l-e \tag{2-3}$$

如果某一地方政府采取这种环境治理策略，而另一地方政府不采取相应的策略[②]，那么，企业将选择落户采取二元财政竞争策略的地区，该地方政府的收益变为 $2a-l-e$ ，另一地方政府的收益为 $-(l+e)$ 。在本博弈中，二者的支付矩阵如下：

表 2-3　附加环境保护成本的地方政府财政竞争支付矩阵 1

		地方政府 B	
		一元竞争	二元竞争
地方政府 A	一元竞争	$(a-l, a-l)$	$(-l, 2a-l-e)$
	二元竞争	$(2a-l-e, -l)$	$(a-l-e, a-l-e)$

降低企业实际税负水平和进行环境保护，即使企业没有最终落户，地方政府仍将保持相应支出。如果地方政府其中一方只是采取一元竞争策略，另一方的最优策略显然是二元竞争策略，在满足一定条件[③]时，将获得全部两家企业落户的收益。采取一元竞争策略的地方政府没有获得任何收益，依然会承受一元竞争模式带来的成本 l 。本博弈的均衡解为（二元竞争，二元竞争），即参与竞争的地方政府都会采取既降低企业实际税负，又改善环境的二元竞争模式进行财政竞争。

如前所述，地方政府进行环境保护的策略是多样的，既可以采取上述自行治理环境的策略，也可以对进入的企业进行严格的环境管制，迫使企业自行进行污染治理。采取这种策略，虽然节省了政府自行治理环境

---

① 更多的时候是两种策略的混合使用，但是为了分析的简便，本研究假设地方政府只是在二者之间进行选择，而非同时采用。

② 当然，可以采取加强环境监管迫使企业自行治理污染的策略，下一部分将进行重点讨论，这里不再赘述。

③ 即 $a>(l+e)$ ，当然即使不满足本条件，只要满足 $a>\frac{1}{2}e$ ，从沉淀成本的角度考虑，最佳选择依然是二元竞争策略。

的成本[①]，但是进行环境监管需要支出监管成本，假设监管成本为 s 。同样，如果地方政府所采取的财政竞争策略相同，那么企业会随机在两地之间进行选择，其收益为：

$$\frac{1}{2}\times(2a-l-s)+\frac{1}{2}\times(-l-s)=a-l-s \quad (2-4)$$

如果某地方政府采取一元竞争策略，而另一地方政府采取二元竞争策略，那么采取二元竞争策略的地方政府收益变为 $2a-l-s$ ，另一地方政府的收益为 $-(l+s)$ 。在本博弈中，二者支付矩阵如下：

表 2-4　附加环境保护成本的地方政府财政竞争支付矩阵 2

		地方政府 B	
		一元竞争	二元竞争
地方政府 A	一元竞争	$(a-l, a-l)$	$(-l, 2a-l-s)$
	二元竞争	$(2a-l-s, -l)$	$(a-l-s, a-l-s)$

上述支付矩阵与地方政府采取自主治理环境策略时候的支付矩阵几乎一致，当然其均衡解也是一致的，即（二元竞争，二元竞争）。但是这个解在考虑企业的行为之后即不再成立，因为这种策略增加了企业成本。假设某地采取了降低企业实际税负和严格环境管制的二元竞争策略，另一地采取了单纯降低企业实际税负的一元竞争策略，那么企业在两地的成本出现差异，企业将在成本降低和环境改善之间进行选择，成本敏感的企业将不再对环境改善做出反应，而是选择采取一元竞争策略的地区落户。如果另一地在降低企业实际税负的同时自行治理环境，毫无疑问，企业将选择在该地落户。在考虑企业的选择后，地方政府将不会采取严格环境管制的措施进行二元竞争，所以上述博弈的均衡是不稳定的。

综上所述，在不存在上级管制的情形下，部分企业对环境相对敏感，地方政府为了促进当地经济社会更好地发展，地方官员进而获得政治上的晋升，进行二元竞争是必然的。对于环境保护来讲，地方政府更可能采取自主治理的方式进行，而非进行严格的环境管制迫使企业进行污染治理。激烈的税收竞争会强化这种行为，因为企业实际税负的降低实际上形成了沉淀成本，一旦企业没有最终进入，这种投资就是徒劳的，所以在继续税

---

① 实际上，在这种模式下，地方政府将环境治理的成本进行了合理的转嫁，即实现了“谁污染谁治理”。但是这种策略会增加企业的负担，与财政竞争的目的出现背离，本研究将在后续章节进行专门讨论，这里不再赘述。

收竞争的同时会逐步增加环保支出。

税收竞争的主要手段是降低企业实际税负，这会导致地方政府财政收入部分降低。环境保护会增加地方政府开支，造成地方政府财政支出的扩大。二元竞争模式从收支两个方面导致地方政府财政状况恶化。[①]多数研究显示，分税制改革之后，特别是“营改增”之后，地方政府财政收支状况不容乐观，尤其是县区级政府的财政自给率非常低，在财政困难的情况下，如何通过财政竞争增加财政收益成为地方政府面对的实际问题。在缺乏监管的情形下，地方政府更可能继续原来的一元竞争模式[②]，或者重点还是经济发展，环境保护视情况而定或者选择性放弃。

第三节　管制模式下的财政竞争与环境保护

一、管制强化下的二元竞争模式

在自发状态下，地方政府迫于财政压力，可能没有更多的精力投入环保，在税收竞争激烈、企业实际税负越降越低的情况下，地方政府为了维持刚性财政支出，进而压缩环保支出，造成环境恶化。另外，在税收竞争中，为了吸引部分污染企业进驻，地方政府存在降低企业环保标准的可能。在自发状态下，地方政府进行二元模式财政竞争存在前提条件，那就是财政状况良好。这也很好地解释了中国不同地区间的产业转移和高污染、高能耗企业的逐步西移现象，这种污染转移状态一定程度上导致相应地区的环境恶化。

随着环境问题日趋严重，国家对环境保护的重视程度逐步提高。2013 年中组部印发《关于改进地方党政领导班子和领导干部政绩考核工作的通知》，提出将生态文明建设作为考核评价的重要内容，同时实行责任追究。2015 年以来，中共中央、国务院相继出台《生态文明建设目标评价考核办法》《生态文明建设考核目标体系》《绿色发展指标体系》等文件，正式将生态文明建设目标评价考核纳入地方政府考核体系中，提出了“党政同责、一岗双责”作为领导干部综合考核评价和干部奖惩、任免的重要依据，而且提出将对地方官员因损害生态环境而应该承担的责任实施“终身追究”制度。基于

---

① 当然，如果成功引进企业，会带来财政收入状况的改善，但是财政竞争的结果具有较大的不确定性，且在时间上也是滞后的。

② 为了弥补环境恶化带来的影响，实际税负可能会降得更低一些。

此，本部分将利用演化博弈方法将中央政府与地方政府纳入分析框架，分析在中央政府加强环保问责的条件下，地方政府的环保履责行为。演化博弈已考虑到现实中博弈方的完全理性难以达到，策略的选择往往是不断学习和调整的结果，因此基于有限理性来探究地方政府的环保行为具有现实意义。

假设地方政府履责以 x 表示，不履责（包括违法核批、纵容等形式）为 1−x，假设履责水平与履责成本呈一阶线性正相关。地方政府成本函数为 Cg（x），则有：

$$Cg(x)=ax+m$$
$$Cg(1-x)=m \tag{2-5}$$

式（2−5）中，a 为地方政府履责的边际成本，m 是维持政府机构正常运转状态的成本，a＞0，m＞0。y 表示中央对地方实施环保问责，1−y 为不实施问责。假设问责强度与问责成本存在一阶线性正相关函数 Cg（y）。式（2−6）中，b 为督察的边际成本，n 为维持中央机构正常运转的最低成本，b＞0，n＞0。

$$Cg(1-y)=n$$
$$Cg(y)=by+n \tag{2-6}$$

当地方政府不履责，中央环保督察实施问责，问责惩罚效应记为 α；而中央政府获得的收益为 β。环保问责过程中，双方基于目标偏差与问责态势，均可能各自调整应对策略，处于动态、复杂的博弈过程，呈现为动态演化博弈特征。双方在博弈过程中，寻找动态稳定的均衡点。根据式（2−5）、（2−6）及表 2−5，地方政府在应对环保问责时，采取履责或不履责策略的期望收益分别为式（2−7）、（2−8）：

$$Rg'(x,y)=y\times(Pg-Cg(x))+(1-y)\times(Pg-Cg(x))=Pg-ax-m \tag{2-7}$$

$$Rg''(1-x,y)=y\times(Pg-Cg(1-x)-a)+(1-y)\times(Pg-Cg(1-x))=Pg-ay-m \tag{2-8}$$

其中，Rg 为地方政府期望收益，Pg 为地方政府付出的成本。

表 2−5　中央政府与地方政府的博弈支付矩阵

地方政府	中央政府	
	问责	不问责
履责	$Pg-Cg(x)$，$Pg-Cg(y)$	$Pg-Cg(x)$，$Pg-Cg(1-y)$
不履责	$Pg-Cg(1-x)-\alpha$，$Pg-Cg(y)+\beta$	$Pg-Cg(1-x)$，$Pg-Cg(1-y)$

地方政府获得平均收益：

$$Rg = x \times Rg' + (1-x) \times Rg'' = Rg - ax^2 + axy - ay - m \quad (2-9)$$

地方政府环保履责时的学习速度方程为：

$$Rg(x) = dx/dt = x \times (Rg' - Rg'') = -x \times (1-x) \times (ax - ay) \quad (2-10)$$

学习速度越快，成本越低，基于利益最大化目标，地方政府建立稳定均衡策略的约束条件为：

$$Rg(x) = 0$$

$$Rg(x) = 3ax^2 - 2axy + ay \leqslant 0 \quad (2-11)$$

$Rg(x)=0$ 的条件解为 $x=\alpha/a \times y$，$x=0$，$x=1$。多阶段的非理性博弈与单阶段完全理性博弈具有一致的博弈均衡结果。分析 3 种条件解下的策略是否为 ESS（稳定均衡）点：（1）当 $x=\alpha/a \times y$ 时，$Rg'(x) = -ax(1-x)$，$x \in [0, 1]$，满足 $Rg'(x) \leqslant 0$。因此，$x=\alpha/a \times y$ 是 ESS 均衡点，说明地方政府履责的水平，受履责的边际成本 a、惩罚效应 α 影响，且从某一阶段看，地方政府的履责水平与环保督察强度呈线性正相关。（2）当 $x \neq \alpha/a \times y$ 时，动态方程可能的稳定状态分别为：$x=0$，$x=1$。$Rg'(0) = ay$，显然，$Rg'(0) = ay \geqslant 0$，只有在 $\alpha=0$ 或 $y=0$ 时，地方政府不履责（$x=0$）才是另一均衡策略点，表示地方政府对问责和监督反应敏感，中央督查及问责的存在能有效促进地方政府环保履责。$Rg'(1) = a-y \leqslant 0$ 时，若 $y \geqslant a/\alpha$，$x=1$ 是均衡点；而 $y < a/\alpha$ 时，$x=1$ 则偏离均衡，说明支配地方政府履责的必要条件是中央政府问责强度不得低于某一特定水平，在中央政府严格实施环保问责制度的条件下，地方政府的行为出现了显著变化，最为突出的是对环保问题的高度重视。

在监管模式下，如果地方政府经济发展和环境保护并重且富有成效，不仅可以赢得企业的进入，政府官员还可以获得潜在的晋升机会。和之前的分析一致，假设税收竞争和环境保护不存在成本[①]，在监管状态下进行有效的环境保护将获得收益 i，否则会遭受处罚 p，假设被处罚的概率为 f。[②]如果两地都采取单纯税收竞争的一元竞争模式，企业将随机选择落户地点。在本博弈中，二者的收益都为：

$$\frac{1}{2} \times (2a - fp) + \frac{1}{2} \times (0 - fp) = a - fp \quad (2-12)$$

如果一地方政府采取二元竞争策略，而另一地方政府仍然采取一元竞

① 本部分论证的重点在于监管对二元竞争模式的强化，为了分析的简便，暂时不涉及成本问题。

② 处罚不是一定的，原因在于上下级政府的信息不对称。

争策略，那么采取二元竞争策略的地方政府将获得收益为 $2a+i$，采取一元竞争策略的地方政府将获得收益为 $-fp$。如果地方政府都采取二元竞争策略，那么企业将在两地之间随机选择，二者的收益都为：

$$\frac{1}{2}\times(2a+i)+\frac{1}{2}\times(0+i)=a+i \tag{2-13}$$

在以上假设条件下，本博弈中二者的支付矩阵如下：

表 2-6　无成本条件下地方政府财政竞争支付矩阵

		地方政府 B	
		一元竞争	二元竞争
地方政府 A	一元竞争	$(a-fp, a-fp)$	$(-fp, 2a+i)$
	二元竞争	$(2a+i, -fp)$	$(a+i, a+i)$

求解上述支付矩阵，均衡解显然是（二元竞争，二元竞争），即在存在上级政府环保管制的情形下，地方政府将在税收竞争的同时进行环境保护，一方面为了吸引企业的进入，另一方面也为获得潜在的晋升机会。来自上级政府的监管强化了二元竞争模式，地方政府更加愿意进行环保投入。

在上述分析的基础上，首选引入税收竞争成本①，即在税收竞争中因为企业实际税率普遍降低带来的财政收入的减少，依然假设降低数为 l。在这种情形下，地方政府的收益结构与之前一致，只是增加了税收成本项，地方政府都采取一元竞争策略的收益变为：

$$\frac{1}{2}\times(2a-fp-l)+\frac{1}{2}\times(0-fp-l)=a-fp-l \tag{2-14}$$

相应地，如果一地方政府采取一元竞争策略，而另一地方政府采取二元竞争策略，那么采取一元竞争策略的地方政府将获得收益为 $-fp-l$，采取二元竞争策略的地方政府将获得收益为 $2a-l+i$。如果两地都采取二元竞争策略，那么其收益为：

$$\frac{1}{2}\times(2a-l+i)+\frac{1}{2}\times(0-l+i)=a-l+i \tag{2-15}$$

在本博弈中，以降低企业实际税负为主要手段的财政竞争模式会降低地方政府的财政收入，如果双方都采取相同的策略，企业会在两地之间随机选择，只是增加了成本。按照之前的假设，如果一地方政府采取一元竞争策略而另一地方政府采取二元竞争策略，那么企业将落户采取二元竞争

① 为了分析的简便，暂时不引入环境保护成本。

策略的地区，而采取税收竞争一元策略的地区仍将付出财政收入减少的成本。在本博弈中，二者的支付矩阵如下：

表 2-7　税收竞争成本条件下地方政府财政竞争支付矩阵

		地方政府 B	
		一元竞争	二元竞争
地方政府 A	一元竞争	$(a-fp-l, a-fp-l)$	$(-fp-l, 2a-l+i)$
	二元竞争	$(2a-l+i, -fp-l)$	$(a-l+i, a-l+i)$

求解上述支付矩阵，由于税收竞争策略成本的存在，即使企业没有落户，地方政府仍将支付税收竞争的成本，在二元竞争模式下还存在潜在的晋升机会，所以收益非零，前提条件是竞争的收益大于成本，即 $a > l-i$。[①] 只要满足上述条件，则本博弈的均衡解为（二元竞争，二元竞争），采取二元竞争是地方政府的必然选择，税收竞争成本的存在强化了地方政府保护环境的努力。需要注意的是，由于该条件较自发模式下的条件宽松，上级政府管制的存在强化了这种均衡，有利于环境质量的改善。

二、管制改革与环境保护策略

在自发状态下，地方政府实行严格的环境监管将增加企业的成本，不利于地方吸引企业投资，所以地方政府倾向于不治理或者自主治理。如果上级政府对地方政府进行管制，地方政府的压力就不仅仅来自吸引企业，还在于地方官员的晋升。在之前分析的基础上，本部分将引入环境治理成本。

如前所述，可供选择的策略有地方政府直接支出进行环境治理和对污染企业进行管制而迫使其治理环境。如果地方政府采取了直接支出的方式进行环境治理，那么地方政府财政竞争的成本再次增加，除了上述由于企业实际税负的降低造成的减少的财政收入 l，还存在额外的环境保护支出 e。与之前的分析一致，地方政府的收益结构与之前一致，地方政府都采取一元竞争策略的收益为：

$$\frac{1}{2}\times(2a-fp-l)+\frac{1}{2}\times(0-fp-l)=a-fp-l \qquad (2-16)$$

相应地，如果一地方政府采取一元竞争策略，而另一地方政府采取二元竞争策略，那么采取一元竞争策略的地方政府将获得收益为 $-fp-l$，采取

① 与自发模式下的条件 $a>$（相比，由于）>0，该条件更为宽松。

二元竞争策略的地方政府将获得收益为 $2a-l-e+i$。如果两地都采取二元竞争策略，那么其收益为：

$$\frac{1}{2}\times(2a-l-e+i)+\frac{1}{2}\times(0-l-e+i)=a-l-e+i \qquad (2-17)$$

在本博弈中，由于以降低企业实际税负为主要手段的财政竞争模式会降低地方政府的财政收入，如果双方都采取相同的策略，企业会在两地之间随机选择，只是增加了成本。按照之前的假设，如果一地方政府采取一元竞争策略而另一地方政府采取二元竞争策略，那么企业将落户采取二元竞争策略的地区，而采取税收竞争一元策略的地区仍将付出财政收入减少的成本。在本博弈中，二者的支付矩阵如下：

表 2-8　存在环境保护成本条件下地方政府财政竞争支付矩阵 1

		地方政府 B	
		一元竞争	二元竞争
地方政府 A	一元竞争	$(a-fp-l, a-fp-l)$	$(-fp-l, 2a-l-e+i)$
	二元竞争	$(2a-l-e+i, -fp-l)$	$(a-l-e+i, a-l-e+i)$

在满足 $-fp-l<2a-l-e+i$，即 $2a+i+fp-e>0$，则上述支付矩阵的均衡解为（二元竞争，二元竞争），即地方政府都会采取二元竞争策略。上级政府环境管制的存在，加大了一元竞争的成本和二元竞争的收益，改变了之前的支付收益结构，使得均衡更加稳定，即地方政府更加重视环境保护。

如果地方政府对进入企业进行严格的环境管制，迫使企业自行进行污染治理，并对污染企业严格征收环境保护税[①]，税收会带来地方财政收入的增加，假设增加额为 t。采取这种策略，虽然节省了政府自行治理环境的成本，但是进行环境监管需要支出监管成本，假设监管成本为 s。如果两地都采取一元竞争策略，那么二者的收益都为：

$$\frac{1}{2}\times(2a-fp-l)+\frac{1}{2}\times(0-fp-l)=a-fp-l \qquad (2-18)$$

如果一地方政府采取一元竞争策略，而另一地方政府采取二元竞争策略，那么采取一元竞争策略的地方政府收益为 $-fp-l$，采取二元竞争策略地

---

① 环境保护税全部作为地方收入，由地方税务机关负责征收，纳税人应该向应税污染物排放地的主管地税机关申报缴纳，地方政府可以降低实际税负，但是随着省级以下国税和地税的合并，这种影响会减弱。

方政府的收益为 $2a-l-s+t$。如果两地都采取二元竞争策略，那么其收益为：

$$\frac{1}{2}\times(2a-l-s+i+t)+\frac{1}{2}\times(0-l-s+i+t)=a-l-s+i+t \tag{2-19}$$

在本博弈中，二者的支付矩阵如下：

表 2-9　存在环境保护成本条件下地方政府财政竞争支付矩阵 2

		地方政府 B	
		一元竞争	二元竞争
地方政府 A	一元竞争	$(a-fp-l, a-fp-l)$	$(-fp-l, 2a-l-s+t)$
	二元竞争	$(2a-l-s+t, -fp-l)$	$(a-l-s+i+t, a-l-s+i+t)$

上述支付矩阵与地方政府自行治理模式下的支付矩阵相比，由于环境监管的存在，一方面增加了监管成本，另一方面也带来了部分税收收入。在这种模式下，由于上级政府的监管是强力的①，所以地方政府的选择必然是二元竞争策略。最大的差别在于均衡时地方政府的收益，多出一部分税收收益，这部分收益其实就是企业的成本。

从企业角度看，严格的环保管制会带来成本上升，对成本敏感的企业有很大的排斥力。对于环境敏感的企业，在环境状况一样的情况下，肯定会选择成本较低的地方。相对于环境管制，地方政府自行治理环境显然给企业带来的成本增加会更小，显然对企业更有吸引力。显然这种模式不是地方政府的最佳选择，但是由于立法的存在，地方政府不能完全抛弃这种模式，所以更多的时候是两种模式的混合使用。

综上所述，在存在上级管制的情况下，地方政府的最佳选择还是进行二元竞争。与自发模式相比，上级政府管制的存在强化了二元竞争的结构，使得地方政府的选择空间更小。对于部分财政状况较差的地区，显然是不利的。改革开放以来，东部沿海地区由于地理优势和国家政策支持，经济发展速度较中、西部地区快，赢得了先发优势。在目前二元竞争模式下，由于东部沿海地区财力雄厚，有充足的财力进行环保，改善环境，吸引更多的企业，特别是环境敏感型企业的进入。这种差异会因为马太效应而强化，使得东、西部差异更大。②

---

① 一方面环保督查的存在，另一方面环保税通过立法的形式确立。

② 这种差距不一定都体现在经济发展上，也体现在产业结构、生活环境等方面。

第四节　跨区域污染问题治理与地方政府合作博弈

环境治理具有外部性，某些环境问题涉及多个地方政府，需要多个地方政府共同治理。当前推进环境污染跨界治理还普遍存在地方政府之间合作机制不健全、环境污染和环境保护联合治理执行力度不够等问题。这些问题的普遍存在是由于地方政府之间存在环境污染治理博弈，环境污染治理主体之间的暂时理性导致上述污染后果。设计良好的合作机制推进地方政府跨区域合作，可以打破上述环境污染治理困境，是有效解决地方政府之间环境污染治理困境的出路。

一、跨区域污染治理合作博弈模型

为了对跨区域污染治理问题进行分析，在之前假设的基础上，假定两地方政府有效合作治理跨区域污染将获得收益 G，双方需要共同承担成本 C，且满足 $C > G > \frac{1}{2}C$。假定双方收益共享、成本共担，即收益为 G[①]，成本各为 $\frac{1}{2}C$。如果一方地方政府治理，而另一方不治理，那么选择治理环境的政府的成本依然为 $\frac{1}{2}C$，但是收益却由于环境问题的治理不彻底降低为 $\frac{1}{2}G$。[②]由于环境保护的正外部性，不采取治理行动的政府不承担治理成本，但是依然享受治理带来的收益，同样为 $\frac{1}{2}G$。如果双方都选择放弃治理环境，那么收益和成本都为零。在该假定下，支付矩阵如下：

表 2-10　跨区域污染治理地方政府合作博弈支付矩阵

		地方政府 B	
		不合作	合作
地方政府 A	不合作	(0，0)	[$\frac{1}{2}G$，$\frac{1}{2}(G-C)$]
	合作	[$\frac{1}{2}(G-C)$，$\frac{1}{2}G$]	($G-\frac{1}{2}C$，$G-\frac{1}{2}C$)

① 此为非竞争性条件下的收益。

② 这是一种理想化的状态，治理和收益不可能完全是成比例的，本研究为了分析的简便进行了简化。

求解上述支付矩阵，如果双方合作，那么都会获得正的收益 $G-\frac{1}{2}C$ ①。如果双方一方毁约，那么将获得正收益 $\frac{1}{2}G$，而守约方将获得负收益 $\frac{1}{2}(G-C)$ ②，违约将不可避免，如果双方都违约，那么环境问题依然不会获得改善。显然，本博弈的均衡为（不合作，不合作）。

二、管制条件下跨区域合作治理博弈

如前所述，如果存在上级政府环境管制，那么治理环境会给地方政府官员带来晋升的可能性，假设该收益为 i。如果地方存在环境问题，那么地方政府将有可能会被问责，问责的概率为 f，可能受到的处罚为 p，那么支付矩阵如下：

表 2-11　存在上级政府监管的跨区域污染治理地方政府合作博弈支付矩阵

		地方政府 B	
		不合作	合作
地方政府 A	不合作	$(-fp, -fp)$	$[\frac{1}{2}(G-fp), \frac{1}{2}(G-C-fp)]$
	合作	$[\frac{1}{2}(G-C-fp), \frac{1}{2}(G-fp)]$	$(G-\frac{1}{2}C+i, G-\frac{1}{2}C+i)$

求解上述支付矩阵，上级政府的环保管制并未对跨区域环境治理带来正向激励。相反，由于环境问题的外部性，严格的监管政策在加重违约政府成本的同时也降低了守约政府的收益，虽然合作的结果有所改善，但是不足以改变整个博弈的支付结构，最终的结果依然是（不合作，不合作）。

三、相关博弈策略讨论

对于跨区域环境治理问题，由于存在外部性，特别是一些污染物具有明显的外溢效应，能在不同区域之间流动，因而不能依靠市场力量解决，传统的政府调节无法解决该难题。跨区域的地方政府之间如果采取“以邻为壑”环境治理对策，将出现区域间的总体环境治理收益最差的结果，这种“只管自己不管别人”的环境治理对策导致地方政府之间环境污染治理效率低下。跨区域环境治理问题需要上级政府进行更多的协调，或者由上

---

① $G>\frac{1}{2}C$。

② $C>G$。

级政府进行治理，将外部问题内部化。通过本部分的分析，可以获得以下结论。

1. 在不存在上级管制的情形下，部分企业对环境相对敏感，地方政府为了当地经济社会更好地发展，地方官员为了获得政治上的晋升，进行二元竞争是必然的。对于环境保护来讲，地方政府更可能采取自主治理的方式进行，而非进行严格的环境管制迫使企业进行污染治理。激烈的税收竞争会强化这种行为，因为企业实际税负的降低实际上形成了沉淀成本，一旦企业没有最终进入，这种投资将难以获得持续回报，所以在继续税收竞争的同时会逐步增加环保支出。

2. 在存在上级管制的情况下，地方政府的最佳选择是进行二元竞争。与自发模式相比，上级政府的管制强化了二元竞争，使得地方政府的选择空间更小，对于部分财政状况较差的地区显然是不利的。在目前二元竞争模式下，由于东部沿海地区财力雄厚，有充足的财力进行环境保护，改善环境，吸引更多的企业特别是环境敏感型企业的进入。这种差异会因为马太效应而得到强化，使得东、西部差异继续拉大，长期看，并不利于落后地区的环保投入。

3. 对于跨区域环境治理问题，无法采用市场或者简单管制的方式进行解决。由地方政府自发解决或者通过上级政府简单的管制解决，可能会陷入囚徒困境，无法获得最优的解决方案。最优的解决方式是上级政府进行强有力的协调，或者由上级政府直接进行治理。

以上博弈的分析结果对于理性考虑地方政府在财政竞争与环境污染治理中的行为选择具有参考意义。以下将从税收竞争、支出竞争与环境污染空间效应实证分析中进一步印证和回应。

第三章　政府间税收竞争的环境污染空间效应

税收竞争一直是财政竞争的主要手段之一。地方政府之间的税收竞争行为和方式可能给环境污染带来影响，但还需要从实证分析角度予以回应。本章将分析政府之间税收竞争行为的环境污染空间效应，同时分析在新时代条件下的税收竞争对于区域生态效率的影响，初步了解加入环保问责等新晋升锦标赛条件后，地方政府在税收竞争中的环境污染行为。

第一节　政府间税收竞争与环境污染的空间相关性

本部分主要集中探讨地方政府之间税收竞争行为对环境污染的空间效应，将利用莫兰指数、局部莫兰指数检验中国区域内各省之间的环境污染和税收竞争是否存在空间相关性，以及利用空间杜宾模型来验证中国区域内各省之间以及东部、中部、西部各省之间税收竞争与环境污染之间的关系，为地方政府环境治理政策提供支持。

一、变量选取与数据来源

1. 被解释变量。环境污染指数（E）：目前“工业六废”仍然是中国环境污染的主要来源，即工业废气、工业废水、工业固体废弃物、工业二氧化硫、工业烟尘、工业粉尘。本研究从“工业六废”出发，以熵值法构建环境污染指数，利用环境污染指数来表示环境污染程度，环境污染指数越小，环境污染程度越轻。

在信息论分析中，“熵”即是对不确定性的度量方式。信息量越大，则不确定性越小，熵值也越小；信息量越小，则表示不确定性越大，熵值也就越大。根据熵值的这一特性，通常采取计算熵值的方式，对某一事件的随机性以及无序程度进行综合判断，还可以通过熵值判断某一指标的离散程度。该指标的离散程度越小，则该指标对综合评价的影响就越小。熵值法的具体应用如下所述。

首先，对以上各种污染物排放数据进行标准化处理：

$$\gamma_{it} = \frac{\chi_{ij} - \chi_{\min(j)}}{\chi_{\max(j)} - \chi_{\min(j)}} \tag{3-1}$$

其中，i 表示年份，j 表示污染指标，$\chi_{\max(j)}$ 和 $\chi_{\min(j)}$ 分别为第 j 项污染指标的最大值和最小值，χ_{ij} 为标准化后的赋值。

$$f_{ij} = \frac{\gamma_{ij}}{\sum_{i=1}^{m} \gamma_{ij}}；\ k = \frac{1}{\ln m} 且 0 \leqslant h_j \leqslant 1$$

$$h_j = -k \sum_{i=1}^{m} f_{ij} \ln f_{ij} \tag{3-2}$$

其次，计算第 j 项污染指标的熵值：在 m 个样本数量下，n 个指标数量中，根据熵值公式计算第 j 项指标的熵值：

$$w_i = \frac{1 - h_j}{\sum_{j=1}^{n} 1 - h_j} \quad (0 \leqslant w_j \leqslant 1, \sum_{j=1}^{n} w_j = 1) \tag{3-3}$$

通过上述步骤，最后计算得到第 i 年的环境污染排放指数 γ_{ij}。

2. 解释变量。地方政府之间的税收竞争行为对环境污染的影响可以从地区之间企业税负水平差异、环境政策制定与执行严厉程度等方面进行反映。地方政府进行税收竞争的目的在于增加本级政府税收收入水平，降低实际税负以吸引企业投资。在环境政策变量的选取和衡量上，本部分将现有税收制度中与环境保护有关的税种纳入环境税体系，选取土地增值税和城市维护建设税、车船税、资源税、城镇土地使用税等地方政府可以操作的税种。排污费是针对环境污染设置的行政收费，纳入地方财政收入系统，故将排污费和上述税收一同视为环境政策变量，本研究选取以下指标衡量地方政府之间的税收竞争程度。

（1）税负水平，以税收收入占 GDP 的比重表示。

（2）环境政策变量，选取具备环境税性质的税收与排污费收入之和占第二产业增加值的比重表示。

3. 控制变量。本部分不仅选取了衡量税收竞争激烈程度的解释变量，还考虑了其他对环境污染可能造成影响的相关控制变量，主要有：

（1）技术水平。煤、天然气等能源在燃烧、消耗过程中会产生污染物，而提升相应的技术水平将减少上述能源在燃烧过程中产生的污染物。本部分选择地区单位 GDP 的能耗量，即地区万吨标准煤与该地区 GDP 这一比值来表示这一技术水平。

（2）城市化水平。随着中国城市化进程的不断加快，城市人口数量持续增加，这对城市环境污染治理造成压力并产生一定影响，所以本部分拟采用城市人口占总人口比重表示城市化发展水平，也就是当年该地区城市人口总数与当年该地区总人口数量的比值。

（3）贸易开放。一国开放贸易将提高经济发展速度和人民生活水平。接着人们对所处环境的质量要求将不断提高，这将促使政府出台标准更高的环境保护法律，一些高污染、高排放的企业将进行转移或产业升级改造，转移的企业可能加重落户地区的环境污染水平。本部分拟使用各地区进出口贸易总额占 GDP 比重衡量贸易开放度。

（4）社会固定资产投资。一国如果增加社会固定资产投资水平，加大投资建设力度将对环境污染产生影响，所以本部分选取该控制变量。

4. 数据来源。上述有关税收收入、年末总人口数量、第二产业增加值、国内生产总值或地区生产总值 GDP、城市人口数量、进出口贸易总额和社会固定资产投资数据源于《中国统计年鉴》，工业废气排放量和排污费数据源于《中国环境年鉴》，技术水平变量中的万吨标准煤数据源于《中国能源统计年鉴》，环境政策变量中的五类税收数据源于《中国税务年鉴》。为了剔除物价变动可能造成的影响，本部分拟采用 GDP 平减指数对人均产值 GDP 和社会固定资产投资进行平减，转变为2000 年时的不变价格实际值。由于面板数据包括截面序列和时间序列，为避免伪回归等问题出现，故在进行平稳性检验后，将对社会固定资产投资采用自然对数形式进行运算。

二、空间杜宾模型选择与构建

不同区域之间存在环境污染空间效应，相互影响的现象应该是客观存在的，一个地区的环境质量可能不同程度地受到邻近地区污染物排放的影响；贸易开放、产业转移或企业迁移都可能产生跨区域环境污染，环境治理投入等公共投入因具有外溢性而容易引致区域间“搭便车”行为，这些影响因素都使得区域间的环境污染物排放和环境污染治理政策难以单独成立而实际上成为相互影响的共同体。

在构建计量模型时，如果不考虑上述空间相关性将导致模型检测结果与现实产生较大偏离。在区域间环境污染和治理相互影响和相互作用的条件下，本部分拟构建空间面板数据模型，通过该模型引入空间相关因素的同时，融合面板数据把时间序列和截面分析相结合的特点，以期更加全面地分析税收竞争下中国区域之间的环境污染效应问题，即税收竞争所形成的环境污染空间效应。

空间计量模型和方法的基本思想是把地区之间的互动关系引入计量模

型，通过空间权重矩阵对基本线性回归模型进行修正。空间相关性主要源于，一方面，不同的地区经济变量样本数量采集上，可能存在空间测量的误差；另一方面，相邻的地区之间经济交往和联系是客观存在的。基于此，本研究引入空间杜宾模型进行回归分析。

为了进一步研究环境污染指数与其他解释变量之间的空间相关联系，结合空间杜宾模型构建模型，如下所示：

$$\ln E_{it} = \rho \sum_{i \neq j}^{n} w_{ij} \ln E_{it} + \beta \ln \chi_{it} + \delta \sum_{i \neq j}^{n} w_{ij} \ln \chi_{it} + \mu_i + \gamma_i + \varepsilon_{it} \quad (3-4)$$

$$\ln E_{it} = \tau \ln E_{it1} \beta \ln \chi_{it} + \delta \sum_{i \neq j}^{n} w_{ij} \ln \chi_{it} + \mu_i + \gamma_i + \varepsilon_{it} \quad (3-5)$$

$$\ln E_{it} = \tau \ln E_{it1} + \rho \sum_{i \neq j}^{n} w_{ij} \ln \chi_{it} + \beta \ln \chi_{it} + \delta \sum_{i \neq j}^{n} w_{ij} \ln \chi_{it} + \mu_i + \gamma_i + \varepsilon_{it} \quad (3-6)$$

式（3-6）中，E 为 i 地区 t 年的环境污染指数，Eit =（sw1，sw2，sw3，sw4……swit）为 n×1 的列向量，是地区 i 在 t 年的环境污染指数。式(3-4)为空间一阶滞后模型，式中第一项为上一年除 i 地区之外的其他地区 j 上一年的环境污染指数对当期增长的影响，ρ 为影响系数。式（3-5）为时间一阶滞后模型，式中第一项为本地区上一年的环境质量对本年的影响，表示环境问题同期或跨期存在的可能，τ 为影响系数。式（3-6）为空间、时间双滞后模型。加入滞后项是因为考虑到路径依赖的可能，消除变量的内生性。w_{ij}为空间矩阵，表示地区 i 的空间相邻地区 j 对 i 的影响力，X 表示税收竞争的变量，包括税负水平和环境政策，根据以上对税负水平和环境政策的空间相关性检测，两类税收竞争均存在空间策略互动行为，即税收竞争行为，因此用与空间矩阵 w 的交乘项表明税收竞争指标，该系数说明税收竞争影响环境污染的具体情况。X 还包含相关控制变量，如技术水平、贸易开放度、社会固定资产投资、城市化水平。μ_i 为扰动性；γ_i 为时间效应；ε_{it}为误差项。

基于公式（3-4）、(3-5)、(3-6)，通过分别检测地理权重和经济权重，在全国、东部、中部、西部中各形成 6 个模型：模型（1）为地理空间矩阵时间一阶滞后模型，模型（2）为地理空间矩阵空间一阶滞后模型，模型（3）为地理空间矩阵双滞后模型，模型（4）为经济空间矩阵时间一阶滞后模型，模型（5）为经济空间矩阵空间一阶滞后模型，模型（6）为经济空间矩阵双滞后模型。

然后将进行环境污染空间相关性情况检验。空间相关性检验作为空间统计分析方法之一，它的核心思想在于通过空间位置建立数据之间的统计关系并进行分析，认识和地理位置有关的数据之间存在的空间依赖、空间关系和空间自相关情况。随着地理经济学的兴起，空间问题越来越多地出现在经济学研究领域，经济的概念也不再是单维度的和非空间的。空间计量经济学逐渐成为经济管理研究的重要分析技术和工具，在实际研究过程中，空间相关性检验是空间计量模型估计前必不可少的环节。

通过进行空间自相关检验，可以判断地方政府之间的税收竞争行为的目标变量的空间相关性。如果存在相关性，则可以在相关经济理论基础上，建立空间计量经济模型进行下一步检验。目前，主要是通过拉格朗日乘数检验 LM 检验（Lagrange multiplier，LM）以及似然比值 LR 检验（Likelihood ratio，LR）进一步检验误差项等是否存在空间相关性，本部分的研究目的是检测地区政府间是否存在空间依赖性，是否存在税收竞争行为，因此只选择莫兰指数和局部莫兰指数进行研究。

莫兰指数的取值范围在-1 到 1 之间，数值为正，表示存在正相关，说明属性相似的地区存在聚集倾向，即形成“高值地区与高值地区相邻，低值地区与低值地区相邻”的聚集现象；如果数值为负，表示地区间存在负相关，属性相异的地区聚集在一起，即形成“高值地区与低值地区相邻，低值地区与高值地区相邻”的现象；如果数值接近零，则说明不存在空间相关性。

无论选择何种空间相关检验方式，都需要先构建一个空间加权矩阵。空间加权矩阵的设定是空间计量模型的关键，是地区之间受空间因素影响的体现。Moran's I 指数由 Cliff 和 Ord 提出，用来检测全局的空间相关性，同时能够检测出聚类情况，即相邻地区相似、相异集聚情况。[①] Moran's I 指数的计算公式如下：

$$I=\frac{n\sum_{i=1}^{n}\sum_{j=1}^{n}w_{ij}\ (x_i-\bar{x})}{\sum_{i=1}^{n}\sum_{j=1}^{n}w_{ij}\ (x_i-\bar{x})^2}=\frac{\sum_{i=1}^{n}\sum_{j\neq 1}^{n}w_{ij}\ (x_i-\bar{x})\ (x_j-\bar{x})}{S^2\sum_{i=1}^{n}\sum_{j=1}^{n}w_{ij}} \tag{3-7}$$

式（3-7）中，n 是研究区域内地区总数，W_{ij}是空间权重，测量地区 i 和地区 j 是否为地理相邻地区。x_i和 x_j分别为地区 i 和地区 j 的观察变量，文中为财政支出项。$\bar{x}$ 是观察变量的平均属性，S^2是观察变量的方差。

$$\text{地理矩阵：}W_{ij}=\begin{cases}1,i\text{ 和 }j\text{ 具有共同边界}\\0,i\text{ 和 }j\text{ 没有共同边界}\end{cases} \tag{3-8}$$

① Cliff，A.，Ord，K.，1972：“Testing for spatial autocorrelation among regression residuals”，*Geographical Analysis*，Vol. 4（3），pp. 267-284.

$$经济矩阵：W_{ij} = \begin{cases} 0, i \text{ 和 } j \text{ 不相邻} \\ |1/d_{ij}|, i \neq j \end{cases} \quad (3-9)$$

空间权重是空间或地理位置信息的数值表现形式，研究选用地理空间相邻及经济空间相关两种方法来度量空间权重。地理空间相邻标准以两地区是否有共同的边界来设定，有则为1，没有则为0，基本假设为相邻两区域策略互动关系强于不相邻的两地区。经济空间相邻标准是通过计算两地区的经济距离，即两地区的经济差值倒数的绝对值，数值越大，说明空间经济距离越远。W 矩阵的两种类型为地理矩阵和经济矩阵。

地理空间相邻采用 W 矩阵为 30×30 的横截面矩阵，经济空间相关采用各地区 2007～2015 年环境污染指数，形成 30×30 的横截面矩阵。本研究选用动态面板数据，对横截面矩阵进行时间上的扩展，由此权重为 W×I，其中×为矩阵的积。

全国除西藏、港澳台外的 30 个省、自治区和直辖市的环境污染指数全局的莫兰指数如表 3-1 所示。

表 3-1　环境污染指数全局 Moran's I 检测结果

年份	2007	2008	2009	2010	2011	2012	2013	2014	2015
Moran's I	0.16** (1.58)	0.2** (1.61)	0.16* (1.63)	0.20** (1.94)	0.18** (1.92)	0.13* (1.78)	0.13* (1.34)	0.19** (1.83)	0.19** (1.84)

表 3-1 为 2007～2015 年中国除西藏、港澳台外的 30 个省、自治区和直辖市的环境污染指数空间相关性检测，从数值上看，从 2007 年至 2015 年，中国除西藏、港澳台外的 30 个省、自治区和直辖市之间莫兰指数均大于 0 且趋向于 1，表明地区之间环境污染存在空间正相关，即空间相邻地区聚集在一起，呈现高值—高值、低值—低值地区相邻。2007～2015 年莫兰指数的 p 值均小于 0.05 且大于 0.01，在 5% 的水平下显著拒绝原假设，表明中国除西藏、港澳台外的 30 个省、自治区和直辖市之间环境污染指数存在强烈的空间相关性，经济发展水平相近的地区间存在强烈显著的空间溢出效应。可知，中国地区间环境污染相关影响因素受经济水平相近地区的影响。

三、政府间税收竞争检测与环境污染

（一）地方政府间税收竞争的水平测度

中国实施的分税制改革和西方联邦制国家财税管理体制不同，中国分税制体制赋予的地方政府税收自主权极为有限，具体地讲，和西方联邦制国家各州拥有自主制定税法的权力比较，中国地方政府没有制定税法的权力，即地方政府没有合法独立的税权，地方政府不能以完整合法的税率和税种在区域之间开展规范的税收竞争。但是，在分税制背景下，地方政府通过税收优惠、隐瞒信息、土地收入及制度外收入等灵活措施来控制当地的实际税负，使得相关的地方政府在企业实际税负承担问题上仍然可以在有限范围内进行调整。

改革开放以来，国家实施让利放权改革，地方政府间税收竞争随之出现，事实上，地方政府针对企业所得税税收竞争的手段主要包括税收优惠、财政返还和财政补贴，以及放松税收征管等其他形式。以税收竞争中的一个重要手段——税收返还为例，税收返还是在税法规定的范围外，地方政府用来吸引资本的主要手段。为了吸引资本发展地区经济，地方政府通过先征后返、即征即退等方式进行税收返还。这种方式虽然符合国家相关规定，但是地方政府在竞争中不断对其进行弹性处理和变通，形成名目繁多的税收返还，加剧各地区无序竞争，对地方政府财政质量和政府行为以及环境质量和污染治理造成不同程度的影响。①

中国地方政府之间进行的税收竞争不是单一、纯粹的税收优惠政策竞争，而是多种手段、多种方式并行的多元化、综合性税收竞争。无论采取什么样的税收竞争形式，地方政府税收竞争的最终指标反映于地区之间企业税负的差异性水平上，税负水平以宏观税负水平即财政收入与 GDP 的比值为考察指标。由于计量时涉及相关数据的可获取性，地方政府之间的税收竞争存在性检验的衡量指标以省级宏观税负进行检测。

对于地方政府之间税收竞争水平测度，本部分选取相应年份全国除港澳台外的 31 个省、自治区和直辖市的宏观税负水平描述相应层级政府税收竞争状况，并以此衡量该地区在中国政府之间税收竞争所处地位。表 3-2 选取 2005 ～ 2015 年全国除港澳台外的 31 个省、自治区和直辖市的宏观税负水平，即以《中国统计年鉴》中地方财政收入与地区生产总值的比值表示。

表 3-2　2005 ～ 2015 年全国除港澳台外的 31 个省、自治区和直辖市的宏观税负水平

年份	北京	天津	河北	山西	内蒙古	辽宁	吉林	黑龙江
2005	0. 1319	0. 0850	0. 0515	0. 0871	0. 0711	0. 0839	0. 0572	0. 0577
2006	0. 1376	0. 0935	0. 0541	0. 1196	0. 0694	0. 0879	0. 0574	0. 0623

① 这些不同的税收竞争优惠手段影响地方政府行为并由此对环境污染产生影响。例如，20 世纪 90 年代，东部省份为吸引外资，规定凡是达到规定表征的企业均可享受税收返还，比例在前两年达到 100%，三到五年达到 50%。2000 年《北京市外贸企业所得税返还实施办法》；2007 年长春市对销售额超过 500 万元以上的企业进行财政奖励，企业缴纳税款中市级财政留用部分返还一半；2009 年昆明市的园区优惠政策将返还扩大到中小企业；2012 年山东《关于支持台资企业发展扩大鲁台经贸合作的依据》等均进行了返还政策优惠。一些地方政府甚至为了吸引资本，对企业许诺各种优惠以争夺税源。

续表

年份	北京	天津	河北	山西	内蒙古	辽宁	吉林	黑龙江
2007	0. 1516	0. 1029	0. 0580	0. 0992	0. 0767	0. 0970	0. 0607	0. 0620
2008	0. 1653	0. 1006	0. 0592	0. 1023	0. 0766	0. 0992	0. 0658	0. 0696
2009	0. 1668	0. 1093	0. 0619	0. 1095	0. 0874	0. 1046	0. 0669	0. 0747
2010	0. 1668	0. 1159	0. 0653	0. 1054	0. 0917	0. 1086	0. 0695	0. 0729
2011	0. 1850	0. 1287	0. 0709	0. 1080	0. 0945	0. 1189	0. 0804	0. 0793
2012	0. 1854	0. 1365	0. 0784	0. 1252	0. 0978	0. 1250	0. 0872	0. 0850
2013	0. 1877	0. 1447	0. 0811	0. 1350	0. 1022	0. 1235	0. 0891	0. 0888
2014	0. 1888	0. 1520	0. 0832	0. 1427	0. 1038	0. 1115	0. 0872	0. 0865
2015	0. 2053	0. 1613	0. 0889	0. 1286	0. 1102	0. 0742	0. 0874	0. 0773
年份	上海	江苏	浙江	安徽	福建	江西	山东	河南
2005	0. 1533	0. 0711	0. 0795	0. 0624	0. 0660	0. 0623	0. 0584	0. 0508
2006	0. 1491	0. 0762	0. 0826	0. 0700	0. 0714	0. 0634	0. 0619	0. 0549
2007	0. 1660	0. 0860	0. 0880	0. 0739	0. 0756	0. 0672	0. 0650	0. 0574
2008	0. 1676	0. 0882	0. 0901	0. 0819	0. 0770	0. 0701	0. 0633	0. 0560
2009	0. 1688	0. 0937	0. 0932	0. 0859	0. 0762	0. 0759	0. 0649	0. 0578
2010	0. 1674	0. 0985	0. 0941	0. 0930	0. 0781	0. 0823	0. 0702	0. 0598
2011	0. 1787	0. 1048	0. 0975	0. 0957	0. 0855	0. 0900	0. 0762	0. 0639
2012	0. 1855	0. 1084	0. 0993	0. 1042	0. 0902	0. 1060	0. 0812	0. 0689
2013	0. 1902	0. 1110	0. 1011	0. 1090	0. 0974	0. 1131	0. 0834	0. 0751
2014	0. 1946	0. 1111	0. 1026	0. 1064	0. 0982	0. 1198	0. 0846	0. 0784
2015	0. 2197	0. 1145	0. 1122	0. 1115	0. 0979	0. 1295	0. 0878	0. 0815
年份	湖北	湖南	广东	广西	海南	重庆	四川	贵州
2005	0. 0570	0. 0599	0. 0801	0. 0710	0. 0765	0. 0741	0. 0650	0. 0910
2006	0. 0625	0. 0622	0. 0820	0. 0722	0. 0783	0. 0813	0. 0699	0. 0970
2007	0. 0633	0. 0643	0. 0877	0. 0719	0. 0863	0. 0947	0. 0806	0. 0989
2008	0. 0627	0. 0625	0. 0900	0. 0738	0. 0964	0. 0997	0. 0827	0. 0977
2009	0. 0629	0. 0649	0. 0924	0. 0800	0. 1078	0. 1003	0. 0830	0. 1064

续表

年份	湖北	湖南	广东	广西	海南	重庆	四川	贵州
2010	0.0633	0.0674	0.0982	0.0807	0.1313	0.1201	0.0909	0.1160
2011	0.0778	0.0771	0.1036	0.0809	0.1348	0.1487	0.0972	0.1356
2012	0.0819	0.0804	0.1092	0.0895	0.1434	0.1493	0.1014	0.1480
2013	0.0888	0.0829	0.1139	0.0916	0.1529	0.1338	0.1060	0.1507
2014	0.0938	0.0837	0.1189	0.0907	0.1586	0.1348	0.1073	0.1475
2015	0.1017	0.0870	0.1286	0.0902	0.1695	0.1371	0.1117	0.1431

年份	云南	西藏	陕西	甘肃	青海	宁夏	新疆
2005	0.0903	0.0484	0.0700	0.0639	0.0623	0.0779	0.0692
2006	0.0953	0.0501	0.0764	0.0620	0.0651	0.0845	0.0721
2007	0.1020	0.0590	0.0825	0.0706	0.0711	0.0871	0.0811
2008	0.1079	0.0630	0.0809	0.0837	0.0703	0.0789	0.0863
2009	0.1132	0.0682	0.0900	0.0846	0.0811	0.0824	0.0909
2010	0.1206	0.0722	0.0947	0.0858	0.0816	0.0909	0.0921
2011	0.1249	0.0904	0.1199	0.0897	0.0909	0.1046	0.1090
2012	0.1298	0.1235	0.1107	0.0921	0.0984	0.1127	0.1211
2013	0.1375	0.1177	0.1090	0.0969	0.1065	0.1202	0.1350
2014	0.1325	0.1350	0.1069	0.0984	0.1093	0.1235	0.1383
2015	0.1328	0.1336	0.1143	0.1095	0.1105	0.1283	0.1427

表3-2所示2005～2015年各地区宏观税负变化加大，有的年份出现显著上升，政府财税收入占地区生产总值比重在加大，同时观测不同地区、不同时间，其实际税负差距较大。事实上，中国税权集中统一于中央政府，但是地方政府税负水平仍然存在较大差异，并没有像税收制定那样高度统一而顺理成章地在地方间出现税负一致性，这为地方政府提供了足够的税收自主管理权限和一定的空间开展税收竞争。

为了对近年来各个省级行政区税负水平有宏观的了解，根据表3-2的区域间宏观税负水平，将中国省级行政区划分为四个层次：第一层次，北京和上海，其历年企业税负水平均值居于榜首；第二层次，广东、海南、天津、辽宁、山西、贵州、宁夏、陕西、云南、重庆，集中于东部、西部地区，宏观税负水平次之；第三层次，福建、江苏、山东、吉林、黑龙江、江西、青海、安徽、四川、甘肃、广西、内蒙古、新疆，宏观税负水平再次之；第四层次，主要分布于中部地区的河南、河北、湖北、湖南等，其宏观税负水平最低。

（二）地方政府间税收竞争空间相关性检验情况

地方政府间税收竞争如何影响环境污染的理论分析表明，地方政府间税收竞争主要通过降低税负水平和降低环保标准来对环境污染产生影响，基于此，本研究的目的在于验证税负水平和环境政策之间是否存在空间相关性。

1. 税负水平的莫兰指数

表 3–3　税负水平全局 Moran's I 检测结果

年份	2007	2008	2009	2010	2011	2012	2013	2014	2015
Moran's I	0.11** (1.63)	0.11** (1.54)	0.11* (1.51)	0.11** (1.40)	0.11* (1.01)	0.11* (0.87)	0.11* (0.88)	0.11* (1.18)	0.11* (1.18)

表 3–3 为 2007 ～ 2015 年中国除西藏、港澳台外的 30 个省、自治区和直辖市税负水平空间相关性检测，从数值上看，从 2007 ～ 2015 年，中国除西藏、港澳台外的 30 个省、自治区和直辖市之间莫兰指数均大于 0 且趋向于 1，表明地区之间税负水平存在空间正相关，即空间相邻地区聚集在一起，呈现高值—高值、低值—低值地区相邻。2007 ～ 2015 年莫兰指数的 p 值均小于 0.05 且大于 0.01，在 5% 的水平下显著拒绝原假设，表明中国除西藏、港澳台外的 30 个省、自治区和直辖市之间税负水平存在强烈的空间相关性，地理水平相近的地区间存在强烈显著的空间溢出效应，由此可知，中国地区间环境污染相关影响因素受地理水平相近地区的影响。

2. 税负水平的 Geary's c 检测结果

在使用 Moran's I 统计检验之后，检测 Geary's c 检测统计值正常与否，突出空间自相关统计量与相邻数据点数据的比较情况。

表 3–4　税负水平全局 Geary's c 检测结果

年份	2007	2008	2009	2010	2011	2012	2013	2014	2015
Geary's c	0.17** (1.91)	0.17** (1.54)	0.11* (1.51)	0.11** (1.40)	0.11* (1.01)	0.11* (0.87)	0.11* (0.88)	0.16* (–1.7)	0.16** (–2.1)

3. 税负水平的局部莫兰指数

通过莫兰指数计算可知，从 2007 ～ 2015 年全国地方政府大多在第三象限，即低值—低值类型，说明相邻地区间存在着强烈的依赖性，存在着税收竞争行为。从计算数据可知，第一象限中在观察年份均有福建、湖南、四川、江苏四个地方，而第一象限为“高值—高值”类型的省，说明这四个地方税负水平均高于其他地方，其周边也聚集着税负水平较高的地区。第四象限为“高值—低值”类型，只有北京，说明北京经济发展水平比较高，地理位置上，没有地区和其存在相互依赖性。大部分省级行政区都在第三象限，“低值—低值”类型的省级行政区，包含着东部和中部、西部发展较好的地区。

经过莫兰指数、吉尔指数和局部莫兰指数的测算可以得出，中国30个省（市、自治区）的税负水平存在强烈的空间依赖性，不仅受地理相关地区的影响，也受经济相邻地区的影响，税负水平高低存在竞争。

4. 环境政策的莫兰指数

表3-5　环境政策全局Moran's I检测结果

年份	2007	2008	2009	2010	2011	2012	2013	2014	2015
Moran's I	0.11** (-1.1)	0.11** (-1.17)	0.11* (-0.73)	0.11** (-0.60)	0.11* (-0.037)	0.11* (-0.083)	0.11* (-0.15)	0.1* (-0.06)	0.1* (-0.11)

表3-5为2007～2015年中国除西藏、港澳台外的30个省、自治区和直辖市环境政策空间相关性检测，从数值上看，从2007～2015年中国除西藏、港澳台外的30个省、自治区和直辖市之间莫兰指数均大于0且趋向于1，表明地区之间环境政策存在空间正相关，即空间相邻地区聚集在一起，呈现高值—高值、低值—低值地区相邻。2007～2015年莫兰指数的p值均小于0.05且大于0.01，在5%的水平下显著拒绝原假设，表明中国除西藏、港澳台外的30个省、自治区和直辖市之间环境政策存在强烈的空间相关性，经济水平相近的地区间存在强烈显著的空间溢出效应。由此可知，中国地区间环境污染相关影响因素受经济水平相近地区的影响。

5. 环境政策的吉尔指数检测

表3-6　环境政策全局Geary's c检测结果

年份	2007	2008	2009	2010	2011	2012	2013	2014	2015
Geary's c	0.14** (1.91)	0.15** (1.54)	0.15* (1.51)	0.148* (1.40)	0.168* (1.01)	0.17* (0.87)	0.164* (0.88)	0.17* (-1.7)	0.19* (-2.1)

6. 环境政策的局部莫兰指数

通过计算局部莫兰指数，从2007～2015年环境政策局部莫兰指数散点图可知，地方政府大多在第三象限，即低值—低值类型，说明相邻地区间存在着强烈的依赖性，以及环境政策标准竞争行为。第一象限中在观察年份均有河北、广东、天津、吉林四个地方，第一象限为“高值—高值”类型的省，说明这四个地方环境政策数量均高于其他地方，其周边也聚集着环境政策数量多的地区，这与河北等省份是工业大省有关；其他大部分省级行政区都在第三象限，属于“低值—低值”类型的省级行政区，包含着东部和中部、西部发展较好的地区。

经过莫兰指数、吉尔指数和局部莫兰指数的测算可以得出，中国除西藏、港澳台外的30个省、自治区和直辖市的环境政策存在强烈的空间依赖性，不仅受地理相关地区的影响，而且受经济相邻地区的影响，该影响更强烈，即环境政策标准存在竞争。

第二节　政府间税收竞争对环境污染的空间效应

本部分将从全国及东部、中部和西部三个区域角度分别对环境污染模型进行空间杜宾模型回归，通过构建和检测计量模型，力求找出地方政府税收竞争对环境污染的影响在东、中、西部分布的差异性，由该差异性结果探讨造成差异的主要原因。

一、全国税负水平对环境污染的空间杜宾模型

根据本研究所设定的空间杜宾模型，代入检验相关数据，得到以下全国税负水平对环境污染指数的空间杜宾模型估计结果，参见表3-7。

表3-7　全国税负水平对环境污染指数空间杜宾模型估计结果

	模型（1）	模型（2）	模型（3）	模型（4）
	空间双固定效应模型	空间随机效应模型	空间双固定效应模型	空间随机效应模型
lnE_ 1	\	\	\	0.909*** (31.047)
W * lnE	0.0316 (0.470)	0.092 (1.394)	0.122* (1.899)	0.161* (1.934)
sf	0.143*** (1.236)	0.199*** (1.458)	0.175*** (3.891)	0.894*** (4.898)
js	−0.164*** (3.918)	−0.161*** (3.648)	−0.22*** (5.032)	−0.025* (1.685)
open	−0.104** (2.378)	−0.107** (2.298)	−0.162*** (3.561)	−0.014 (0.085)

续表

	模型（1）	模型（2）	模型（3）	模型（4）
	空间双固定效应模型	空间随机效应模型	空间双固定效应模型	空间随机效应模型
indust	−0.103*** (3.657)	−0.101*** (3.399)	−0.098*** (3.386)	−0.047*** (3.125)
invest	−0.129** (−2.226)	−0.127** (−2.078)	−0.018 (−0.328)	−0.013 (−0.069)
s 平方	0.0041	0.0046	0.0048	0.001
LogL	536.606	536.606	433.906	757.239
Wald-空间滞后	32.657 (p=0.000)	27.423 (p=0.001)	42.123 (p=0.000)	\
LR-空间滞后	30.972 (p=0.000)	30.970 (p=0.000)	39.445 (p=0.000)	\
Wald-空间误差	36.717 (p=0.000)	32.468 (p=0.000)	56.472 (p=0.000)	\
LR-空间误差	34.767 (p=0.000)	34.767 (p=0.000)	55.033 (p=0.000)	\
LR-空间固定	695.038 (p=0.000)			
LR-时间固定	221.005 (p=0.000)			
Hausman	43.967 (p= 0.001)			

根据全国环境政策对环境污染影响的空间杜宾模型，将数据代入检验，结果如表3-8所示。

表3-8　全国环境政策对环境污染指数空间杜宾模型估计结果

	模型（1）	模型（2）	模型（3）	模型（4）
	空间双固定效应模型	空间随机效应模型	空间双固定效应模型	空间随机效应模型
lnE_ 1	\	\	\	0.909*** (31.047)

续表

	模型（1）	模型（2）	模型（3）	模型（4）
	空间双固定效应模型	空间随机效应模型	空间双固定效应模型	空间随机效应模型
W * lnE	0. 032 (0. 470)	0. 092 (1. 394)	0. 122 * (1. 899)	0. 161 * (1. 934)
hj	−0. 035 * * * (−3. 54)	−0. 013 * * * (−2. 787)	−0. 035 * * * (−1. 457)	−0. 099 * * * (−3. 246)
js	−0. 164 * * * (3. 918)	−0. 161 * * * (3. 648)	−0. 22 * * * (5. 032)	−0. 025 * (1. 685)
open	−0. 104 * * (2. 378)	−0. 107 * * (2. 298)	−0. 162 * * * (3. 561)	−0. 014 (0. 085)
indust	−0. 103 * * * (3. 657)	−0. 101 * * * (3. 399)	−0. 098 * * * (3. 386)	−0. 047 * * * (3. 125)
invest	−0. 129 * * (−2. 226)	−0. 127 * * (−2. 078)	−0. 018 (−0. 328)	0. 013 (−0. 069)
s 平方	0. 020 * (1. 828)	0. 020 * (1. 707)	0. 004 (0. 359)	0. 013 * * (2. 476)
LogL	−0. 561 * * (−8. 229)	−0. 564 * * * (−7. 827)	−0. 561 * * * (−7. 929)	−0. 044 * * * (−2. 644)
Wald−空间滞后	0. 0041	0. 0046	0. 0048	0. 001
LR−空间滞后	536. 606	536. 606	433. 906	757. 239
Wald−空间误差	32. 657 (p =0. 000)	27. 423 (p =0. 001)	42. 123 (p =0. 000)	\
LR−空间误差	30. 972 (p =0. 000)	30. 970 (p =0. 000)	39. 445 (p =0. 000)	\
LR−空间固定	36. 717 (p =0. 000)	32. 468 (p =0. 000)	56. 472 (p =0. 000)	\
LR−时间固定	34. 767 (p =0. 000)	34. 767 (p =0. 000)	55. 033 (p =0. 000)	\
Hausman	695. 038 (p =0. 000)			
lnE_ 1	221. 005 (p =0. 000)			
W * lnE	43. 967 (p = 0. 001)			

Wald-SAR 和 Wald-SEM 检验结果均拒绝了原有的假设，故选定的 SDM 模型合理有效；据豪斯曼检验（Hausman 检验）和 LR 空间与时间固定效应检验结果，拟选择双固定效应模型进行分析。表 3-7 引入使用动态和静态模型，分析 LogL 结果表明动态拟合程度较好，而且考虑引入被解释变量的时间滞后项可以有效避免序列相关问题，故选择动态空间杜宾模型是合适的计量模型。

由表 3-7 和 3-8 可以看出，在衡量税收竞争的两个变量中，税负水平与环境污染呈显著正相关，说明税收竞争程度如果加剧，则将降低环境污染水平，即降低税负水平对治理环境污染是有利的，与假设不符。而环境政策变量与污染指数呈明显的负相关，说明区域之间税收竞争程度加剧，将迫使环境污染呈现加重的趋势，即环境政策对环境污染的结果形成逐底竞争，说明地方政府为了吸引投资，在税收竞争中争夺资源，拓展税基而放松监管和降低环境质量标准，这加剧了环境污染水平。

其他控制变量，如技术水平和社会固定资产投资都与环境污染指数呈显著的正相关，均符合假设。其中，单位 GDP 能耗反映的技术水平和环境污染指数之间呈明显正相关，说明单位 GDP 能耗越低，排放环境污染物就越少，这有助于减轻环境污染的程度。社会固定资产投资和环境污染指数之间呈正相关，说明人口规模聚集将消耗更多的资源，从而带来更多的污染排放并形成环境污染，全社会对固定资产投资越多，越可能造成重复建设或“大兴土木”，可能降低环境质量和加大环境污染水平。

二、全国与地区间税收竞争对环境污染空间效应

本部分拟采用 2007 ～ 2015 年全国除西藏、港澳台外的 30 个省级政府面板数据，分析地方政府税收竞争对环境污染的空间效应：

第一，从税负水平分析，企业税负水平对环境污染的影响在全国范围内存在差异性，通过分区域研究发现，东、西部地区地方政府采取降低企业税负的税收竞争方式加重了环境污染。税负水平扭曲并形成税收低效率，税收对环境污染形成的负的外部效应难以矫正，资源未能优化配置。

第二，从环境政策变量分析，除了西部地区以外，东、中部地区均与环境污染呈明显负相关，从东、中部地区视角观察，实施宽松的环境政策将使环境污染加剧，地方政府之间的竞争行为将导致环境政策的逐底竞争，这样的政策行为使企业承担较低的环境成本，从这个意义上讲，相关政策“激励”着环境污染。

第三，从环境库兹涅茨曲线分析，东、中部地区经济增长对环境带来显著影响，经过一段时间之后与环境污染形成倒 U 形曲线趋势，与环境库兹涅茨假说理论相符。这初步说明东、中部地区环境恶化程度在随着经济增长而加剧，随后当经济发展到一定阶段之后，环境污染又开始由高污染向低污染过渡，最终经济发展之后环境质量逐渐得以改善。

第四，从其他控制变量分析，全国以及区域回归方程中对环境污染影响存在一定的差异性。技术水平在全国和东、西部均与环境污染呈正相关，说明单位 GDP 能耗降低将降低环境污染水平。贸易开放度在东、中、西部区域回归方程中均呈明显正相关，在全国回归时因 T 值过小而被剔除，表明东、中、西部贸易开放度越高，越容易吸收污染排放多的产业投资设厂，这样的污染企业将影响区域环境质量。而全国整体视角下未能明确反映贸易开放度和环境污染关系。从全社会固定资产投资方面看，社会固定资产投资在全国以及东部地区呈明显正相关，它符合理论假设。

三、区域税收竞争对环境污染影响的空间杜宾模型分析

（一）东部地区税收竞争对环境污染影响的空间杜宾模型

1. 东部地区税负水平对环境污染影响的空间杜宾模型实证分析，计量结果如表 3-9 所示。

表 3-9　东部地区税负水平对环境污染指数影响的空间杜宾模型估计结果

	模型（1）	模型（2）	模型（3）	模型（4）
	空间双固定效应模型	空间随机效应模型	空间双固定效应模型	空间随机效应模型
lnE_ 1	\	\	\	0.909*** (31.047)
W * lnE	0.0316 (0.470)	0.092 (1.394)	0.122* (1.899)	0.161* (1.934)
sf	-0.013*** (2.786)	-0.017*** (3.534)	-0.016*** (1.235)	-0.015*** (1.674)
js	-0.164 (3.918)	0.161*** (3.648)	0.22*** (5.032)	0.025* (1.685)
open	-0.104** (2.378)	0.107** (2.298)	0.162*** (3.561)	-0.014 (0.085)

续表

	模型（1）	模型（2）	模型（3）	模型（4）
	空间双固定效应模型	空间随机效应模型	空间双固定效应模型	空间随机效应模型
indust	−0. 103 *** (3. 657)	−0. 101 *** (3. 399)	−0. 098 *** (3. 386)	−0. 047 *** (3. 125)
invest	−0. 129 ** (−2. 226)	−0. 127 ** (−2. 078)	−0. 018 (−0. 328)	−0. 013 (−0. 069)
s 平方	−0. 020 * (1. 828)	−0. 020 * (1. 707)	−0. 004 (0. 359)	−0. 013 ** (2. 476)
LogL	−0. 561 ** (−8. 229)	−0. 564 *** (−7. 827)	−0. 561 *** (−7. 929)	−0. 044 *** (−2. 644)
Wald−空间滞后	0. 0041	0. 0046	0. 0048	0. 001
LR−空间滞后	536. 606	536. 606	433. 906	757. 239
Wald−空间误差	32. 657 (p =0. 000)	27. 423 (p =0. 001)	42. 123 (p =0. 000)	\
LR−空间误差	30. 972 (p =0. 000)	30. 970 (p =0. 000)	39. 445 (p =0. 000)	\
LR−空间固定	36. 717 (p =0. 000)	32. 468 (p =0. 000)	56. 472 (p =0. 000)	\
LR−时间固定	34. 767 (p =0. 000)	34. 767 (p =0. 000)	55. 033 (p =0. 000)	\
Hausman	695. 038 (p =0. 000)			
lnE_ 1	551. 005 (p =0. 000)			
W * lnE	43. 967 (p = 0. 001)			

2. 东部地区环境政策对环境污染影响的空间杜宾模型实证分析，如表 3−10 所示。

表 3-10　东部地区环境政策对环境污染指数影响的空间杜宾模型估计结果

	模型（1）	模型（2）	模型（3）	模型（4）
	空间双固定效应模型	空间随机效应模型	空间双固定效应模型	空间随机效应模型
lnE_ 1	\	\	\	0. 909 * * * (31. 047)
W * lnE	0. 0316 (0. 470)	0. 092 (1. 394)	0. 122 * (1. 899)	0. 161 * (1. 934)
hj	−0. 013 * * * (0. 321)	−0. 015 * * * (0. 182)	−0. 0135 * * * (3. 214)	−0. 0147 * * * (4. 1356)
js	−0. 164 * * * (3. 918)	−0. 161 * * * (3. 648)	−0. 22 * * * (5. 032)	−0. 025 * (1. 685)
open	−0. 104 * * (2. 378)	−0. 107 * * (2. 298)	−0. 162 * * * (3. 561)	−0. 014 (0. 085)
indust	−0. 103 * * * (3. 657)	−0. 101 * * * (3. 399)	−0. 098 * * * (3. 386)	−0. 047 * * * (3. 125)
invest	−0. 129 * * (−2. 226)	−0. 127 * * (−2. 078)	−0. 018 (−0. 328)	−0. 013 (−0. 069)
s 平方	0. 020 * (1. 828)	0. 020 * (1. 707)	0. 004 (0. 359)	0. 013 * * (2. 476)
LogL	−0. 561 * * (−8. 229)	−0. 564 * * * (−7. 827)	−0. 561 * * * (−7. 929)	−0. 044 * * * (−2. 644)
Wald−空间滞后	0. 0041	0. 0046	0. 0048	0. 001
LR−空间滞后	536. 606	536. 606	433. 906	757. 239
Wald−空间误差	32. 657 (p = 0. 000)	27. 423 (p = 0. 001)	42. 123 (p = 0. 000)	\
LR−空间误差	30. 972 (p = 0. 000)	30. 970 (p = 0. 000)	39. 445 (p = 0. 000)	\
LR−空间固定	36. 717 (p = 0. 000)	32. 468 (p = 0. 000)	56. 472 (p = 0. 000)	\
LR−时间固定	34. 767 (p = 0. 000)	34. 767 (p = 0. 000)	55. 033 (p = 0. 000)	\
Hausman	695. 038 (p = 0. 000)			
lnE_ 1	221. 005 (p = 0. 000)			
W * lnE	43. 967 (p = 0. 001)			

由于 Wald-SAR 和 Wald-SEM 的检验结果均拒绝了原来的假设，因而选取的 SDM 模型合理有效；豪斯曼检验和 LR 空间与时间固定效应检验结果显示，选择双固定效应模型是合理的。表 3-9 和表 3-10 分别引入动态和静态模型，观察 LogL 的结果，发现其动态拟合程度更显著，并且考虑到引入被解释变量时间滞后项将有利于避免序列相关问题，由此选择动态空间杜宾模型是合适的计量模型。

由空间杜宾模型估计结果可知，东部地区的税负水平与环境污染指数负相关且通过 1% 的显著性检验，结果表现为税负水平越低，即说明地方政府之间税收竞争程度则越高，环境污染越严重，从而造成区域之间的逐底竞争行为。这很好地解释了如果地方政府为谋求本地区经济增长，固化税收收入和拓展税源，采用降低税负的税收竞争手段开展竞争，将引起环境污染增加和环境质量降低。东部地区的环境政策和环境污染指数关系呈现明显的负相关，形成环境政策逐底竞争。

（二）中部地区税收竞争的环境污染空间杜宾模型

1. 中部地区税负水平对环境污染影响的空间杜宾模型实证分析，如表 3-11 所示。

表 3-11　中部地区税负水平对环境污染指数影响的空间杜宾模型估计结果

	模型（1）	模型（2）	模型（3）	模型（4）
	空间双固定效应模型	空间随机效应模型	空间双固定效应模型	空间随机效应模型
lnE_ 1	\	\	\	0.909*** (31.047)
W * lnE	0.0316 (0.470)	0.092 (1.394)	0.122* (1.899)	0.161* (1.934)
sf	0.019*** (2.784)	0.018*** (3.897)	0.012*** (1.35)	0.015*** (1.625)
js	-0.164*** (3.918)	-0.161*** (3.648)	-0.22*** (5.032)	-0.025* (1.685)
open	-0.104** (2.378)	-0.107** (2.298)	-0.162*** (3.561)	-0.014 (0.085)
indust	-0.103*** (3.657)	-0.101*** (3.399)	-0.098*** (3.386)	-0.047*** (3.125)
invest	-0.129** (-2.226)	-0.127** (-2.078)	-0.018 (-0.328)	0.013 (-0.069)

续表

	模型（1）	模型（2）	模型（3）	模型（4）
	空间双固定效应模型	空间随机效应模型	空间双固定效应模型	空间随机效应模型
s 平方	0.020* (1.828)	0.020* (1.707)	0.004 (0.359)	0.013** (2.476)
LogL	-0.561** (-8.229)	-0.564*** (-7.827)	-0.561*** (-7.929)	-0.044*** (-2.644)
Wald-空间滞后	0.0041	0.0046	0.0048	0.001
LR-空间滞后	486.606	486.606	483.906	487.239
Wald-空间误差	32.657 (p=0.000)	27.423 (p=0.001)	42.123 (p=0.000)	\
LR-空间误差	40.972 (p=0.000)	40.970 (p=0.000)	49.445 (p=0.000)	\
LR-空间固定	36.717 (p=0.000)	32.468 (p=0.000)	56.472 (p=0.000)	\
LR-时间固定	34.767 (p=0.000)	34.767 (p=0.000)	55.033 (p=0.000)	\
Hausman	695.038 (p=0.000)			
lnE_ 1	221.005 (p=0.000)			
W * lnE	43.967 (p= 0.001)			

2. 中部地区环境政策对环境污染影响的空间杜宾模型实证分析，如表3-12 所示。

表 3-12　中部地区环境政策对环境污染指数影响的空间杜宾模型估计结果

	模型（1）	模型（2）	模型（3）	模型（4）
	空间双固定效应模型	空间随机效应模型	空间双固定效应模型	空间随机效应模型
lnE_ 1	\	\	\	0.909*** (31.047)
W * lnE	0.032 (0.470)	0.092 (1.394)	0.122* (1.899)	0.161* (1.934)

续表

	模型（1）	模型（2）	模型（3）	模型（4）
	空间双固定效应模型	空间随机效应模型	空间双固定效应模型	空间随机效应模型
hj	−0.002** (−0.04)	−0.035** (−0.067)	−0.048** (−0.078)	−0.060** (−0.086)
js	−0.164*** (3.918)	−0.161*** (3.648)	−0.22*** (5.032)	−0.025* (1.685)
open	0.104** (2.378)	0.107** (2.298)	0.162*** (3.561)	−0.014 (0.085)
indust	−0.103*** (3.657)	−0.101*** (3.399)	−0.098*** (3.386)	−0.047*** (3.125)
invest	−0.129** (−2.226)	−0.127** (−2.078)	−0.018 (−0.328)	0.013 (−0.069)
s平方	0.020* (1.828)	0.020* (1.707)	0.004 (0.359)	0.013** (2.476)
LogL	−0.561** (−8.229)	−0.564*** (−7.827)	−0.561*** (−7.929)	−0.044*** (−2.644)
Wald-空间滞后	0.0041	0.0046	0.0048	0.001
LR-空间滞后	536.606	536.606	433.906	757.239
Wald-空间误差	32.657 (p=0.000)	27.423 (p=0.001)	42.123 (p=0.000)	\
LR-空间误差	30.972 (p=0.000)	30.970 (p=0.000)	39.445 (p=0.000)	\
LR-空间固定	36.717 (p=0.000)	32.468 (p=0.000)	56.472 (p=0.000)	\
LR-时间固定	34.767 (p=0.000)	34.767 (p=0.000)	55.033 (p=0.000)	\
Hausman	784.039 (p=0.000)			
lnE_ 1	221.005 (p=0.000)			
W * lnE	54.783 (p= 0.001)			

根据 Wald-SAR 和 Wald-SEM 检验结果均拒绝了原有假设，故所选空间杜宾模型合理；据豪斯曼检验和 LR 空间与时间固定效应检验结果，选

取的双固定效应模型有效。表 3-11 和表 3-12 分别引入了动态和静态模型，观察 LogL 结果发现动态拟合的程度更明显，并且考虑到引入被解释变量时间滞后项有助于避免序列相关的问题，故选择动态空间杜宾模型是合适的模型。

由空间杜宾模型估计结果可知，中部地区税负水平对环境污染的估计系数虽显著为正，与全国的回归结果一致，但与假设不符。中部地区环境政策与环境污染指数呈显著负相关，表明政府选择执行宽松的环境政策，即减少具有环境税性质的税收收入和排污费收入，以及对一些产值高、利税高，但高污染、高能耗的污染企业采取放松监管与治理的策略，还可能存在就排污费收费问题与污染企业协商收费的现象，从而降低了东部和中部地区的环境质量，出现环境政策的逐底竞争。

（三）西部地区环境政策的环境污染空间杜宾模型

1. 西部地区税负水平对环境污染影响的空间杜宾模型实证分析，如表 3-13 所示。

表 3-13　西部地区税负水平对环境污染指数影响的空间杜宾模型估计结果

	模型（1）	模型（2）	模型（3）	模型（4）
	空间双固定效应模型	空间随机效应模型	空间双固定效应模型	空间随机效应模型
lnE_ 1	\	\	\	0.909*** (31.047)
W * lnE	0.0316 (0.470)	0.092 (1.394)	0.122* (1.899)	0.161* (1.934)
sf	-0.014*** (-3.78)	-0.020*** (-4.587)	-0.013*** (-5.673)	-0.015*** (-4.348)
js	0.164*** (3.918)	0.161*** (3.648)	0.22*** (5.032)	0.025* (1.685)
open	-0.022* (-0.082)	-0.097* (-0.044)	-0.119 * (-0.049)	-0.038* (-0.085)
indust	-0.103*** (-3.66)	-0.101*** (-3.399)	-0.098*** (-3.386)	-0.047*** (-3.125)

续表

	模型（1）	模型（2）	模型（3）	模型（4）
	空间双固定效应模型	空间随机效应模型	空间双固定效应模型	空间随机效应模型
invest	-0.129** (-2.226)	-0.127** (-2.078)	-0.018 (-0.328)	0.013 (-0.069)
s 平方	0.020* (1.828)	0.020* (1.707)	0.004 (0.359)	0.013** (2.476)
LogL	-0.561** (-8.229)	-0.564*** (-7.827)	-0.561*** (-7.929)	-0.044*** (-2.644)
Wald-空间滞后	0.0041	0.0087	0.0087	0.001
LR-空间滞后	536.606	536.606	433.906	757.239
Wald-空间误差	32.657 (p=0.000)	27.423 (p=0.001)	42.123 (p=0.000)	\
LR-空间误差	30.972 (p=0.000)	30.970 (p=0.000)	39.445 (p=0.000)	\
LR-空间固定	36.717 (p=0.000)	32.468 (p=0.000)	56.472 (p=0.000)	\
LR-时间固定	34.767 (p=0.000)	34.767 (p=0.000)	55.033 (p=0.000)	\
Hausman	678.038 (p=0.000)			
lnE_ 1	441.005 (p=0.000)			
W * lnE	27.967 (p= 0.001)			

2. 西部地区环境政策对环境污染影响的空间杜宾模型实证分析，如表3-14所示。

表 3-14　西部地区环境政策对环境污染指数影响的空间杜宾模型估计结果

	模型（1）	模型（2）	模型（3）	模型（4）
	空间双固定效应模型	空间随机效应模型	空间双固定效应模型	空间随机效应模型
lnE_ 1	\	\	\	0.909*** (31.047)

续表

	模型（1）	模型（2）	模型（3）	模型（4）
	空间双固定效应模型	空间随机效应模型	空间双固定效应模型	空间随机效应模型
W * lnE	0.0316 (0.470)	0.092 (1.394)	0.122* (1.899)	0.161* (1.934)
zc	0.132 (1.754)	0.161* (0.102)	0.525 * (0.041)	0.686* (0.048)
js	−0.0006*** (−0.64)	−0.001*** (0.055)	−0.097*** (−0.044)	−0.008* (−0.039)
open	0.104** (2.378)	0.107** (2.298)	0.162*** (3.561)	−0.014 (0.085)
indust	0.1029*** (3.657)	0.101*** (3.399)	0.098*** (3.386)	0.047*** (3.125)
invest	−0.129** (−2.226)	−0.127** (−2.078)	−0.018 (−0.328)	0.013 (−0.069)
s 平方	0.020* (1.828)	0.020* (1.707)	0.004 (0.359)	0.013** (2.476)
LogL	−0.561** (−8.229)	−0.564*** (−7.827)	−0.561*** (−7.929)	−0.044*** (−2.644)
Wald−空间滞后	0.0041	0.0046	0.0048	0.001
LR−空间滞后	40.8701	536.606	433.906	757.239
Wald−空间误差	33.79 (p=0.000)	37.324 (p=0.001)	47.132 (p=0.000)	\
LR−空间误差	30.972 (p=0.000)	30.970 (p=0.000)	39.445 (p=0.000)	\
LR−空间固定	36.717 (p=0.000)	32.468 (p=0.000)	56.472 (p=0.000)	\
LR−时间固定	34.767 (p=0.000)	34.767 (p=0.000)	55.033 (p=0.000)	\
Hausman	593.038 (p=0.000)			
lnE_ 1	331.005 (p=0.000)			
W * lnE	554.967 (p= 0.001)			

Wald-SAR 和 Wald-SEM 检验结果均拒绝了原假设，故选定空间杜宾模型合理；据豪斯曼检验和 LR 空间与时间固定效应检验结果所示，选择双固定效应模型是合理的。以上分别引入了动态和静态模型，分析 LogL 结果发现，使用动态模型拟合的程度更明显，并且考虑到引入被解释变量的时间滞后项有助于避免序列相关的问题，故选择动态空间杜宾模型是合适的。

从表 3-14 中可以看出，西部地区的税负水平与环境污染指数呈负相关且通过 1% 的显著性检验，说明其区域税负水平越低，则税收竞争水平越高，造成的环境污染程度越严重，导致税收竞争逐底竞争。这也说明，如果西部地区地方政府为谋求地区经济快速增长，固化已有税收收入或拓展税源，或官员为了取得 GDP 总量等晋升优势，而采用降低税负的竞争手段，会出现环境污染加重和环境质量变差的结果。

根据表 3-14 所示，东部和中部的经济增长与环境污染指数呈显著正相关，并且符合环境库兹涅茨曲线呈现倒 U 形的假说，说明一段时间之内，东、中部地区经济快速发展所带来的环境污染问题严重，但随着经济发展水平的提升和人均收入水平的不断提高，人们要求有更高的环境质量、更洁净的生活环境，这逐步对地方政府形成环保压力，这也是改善环境质量的初始动力。西部经济增长情况与该地区环境污染呈负相关，环境库兹涅茨曲线呈现正 U 形走势，数据显示的发展历史还不符合库兹涅茨假说所提出的情况，这也说明环境库兹涅茨曲线在一国不同区域表现出不同的走势，反映在经济增长与环境质量改善上处于不同的发展阶段。除此以外，其他控制变量表现也存在差异。产业结构水平在东、中、西部呈显著负相关，它与理论假定不符。

从技术水平方面分析，虽然东、中、西部区域均通过 1% 的显著性检验，但是东部和西部呈显著正相关，中部地区呈显著负相关。而东、西部呈正相关，说明技术水平进步促使单位 GDP 能耗降低，“六废”排放减少，环境污染减少，从而使环境质量提升。从贸易开放度方面分析，东、中、西部区域呈显著正相关，说明东部地区由于地理位置优越，拥有良好的工业基础和充裕的劳动力，最先受益于改革开放和外向型经济；中、西部地区不具备类似东部地区的区位优势，但随着东部地区有的污染企业转向中、西部，其产品的外销性质促使中、西部地区贸易开放度提升，提升中、西部地区经济增长水平的同时也影响了其相应地区的环境质量，即出现了环境污染现象。从社会固定资产投资方面分析，中部呈显著负相关与假设不符，而西部并不显著。东部地区在 1% 显著性水平下呈正相关，表明东部固定资产投资额投入较多，其建设力度较大，提升了工业企业的结构和规模，东部地区工业化水平发展程度较高，城市化提升到较高水平。

第三节　税收竞争对区域生态效率的影响

本部分拟以2003～2015年中国除西藏、港澳台外的30个省、自治区和直辖市的面板数据为分析单位，以能够同时反映经济发展和环境质量状况的生态效率作为衡量指标，运用非期望产出SBM－DEA方法测算2003～2015年中国除西藏、港澳台外的30个省、自治区和直辖市的区域生态效率，并分区域检验税收竞争对生态效率的空间溢出效应。在晋升锦标赛体制下，地方政府间存在税收竞争，并且属于策略模仿行为；生态效率具有路径依赖和空间溢出性；全国范围内各省级行政区之间的税收竞争提升了本地区的生态效率，却抑制了相邻地区的生态效率。东部地区各省级行政区之间的税收竞争是趋优竞争，对生态效率有显著的促进作用；中、西部地区各省级行政区的税收竞争属于逐底竞争，对本地区和相邻地区的生态效率起到抑制作用。为推动美丽中国建设，需要引入以生态效益质量为导向的发展理念和考核体系，以实现绿色发展和区域协调发展。

一、生态效率指标构建与测算

自从1990年由Schaltegger和Sturm两位学者提出生态效率概念之后，学术界和实践界就对生态效率问题进行了深入探讨。在这些研究成果中，世界可持续发展商业理事会对生态效率的定义受到广泛的认同，提出生态效率即提供用于满足人类生活需要且提高人类生活质量的、有价格竞争优势的产品和服务，这些产品和服务使得人类生命周期所形成的生态影响和资源强度与地球估计载力相符合，并同时达到环境与社会协调发展的目标。生态效率是产品或服务的价值与环境影响的比值，它不仅强调以最少的资源和环境代价提供价值最大化的产品和服务的能力，而且代表着环境效益与经济效率的统一。

学术界对生态效率测算方法进行了研究，DEA方法评价生态效率是通过一种非参数方法，规划求解、测算决策单元的投入产出效率。它并不要求在建立模型之前对数据进行无量纲化的常规处理，而是以决策单元输入输出的实际数据计算权重，有效解决了生态效率指标中多种资源消耗和污染排放的单位不一致的问题，已经成为学术界测量生态效率普遍使用的方法。DEA 模型分为只考虑投入产出的 CCR 模型和 BCC 模型，还有把产出区分为期望产出和非期望产出的 SBM 模型，本部分使用考虑了规模报酬可变的非期望产出的 SBM-DEA 方法测算中国 2003 ～ 2015 年不同地区的生态效率，建立的区域生态效率指标评价体系如表 3-15 所示。

表 3-15　区域生态效率评价指标体系

指标	指标类别	指标构成
投入		工业用水总量 折算为标准煤单位的能源消耗量
产出	非期望产出	工业废水排放量、工业二氧化硫排放量 工业烟尘排放量、工业粉尘排放量
	期望产出	工业增加值

用 matlab2012 测算全国除西藏、港澳台外的 30 个省、自治区和直辖市的生态效率，测量结果如表 3-16 所示。SBM-DEA 模型假设每一个省级行政区都在既定技术水平下通过调整对产品服务、环境污染和资源消耗的松弛变量来最大化自己的效率，假设存在 d 个同质的决策单元（DMU），对于第 m 个 DMU，其所有可行的投入产出组合所形成的生产可能性的集为 ρ，则有式（3-10）：

$$\rho=\frac{1-\frac{1}{m}\sum_{i=1}^{m}\frac{S_i^-}{X_{io}}}{1+\frac{1}{S_1+S_2}\left(\sum_{r=1}^{S_1}\frac{S_r^g}{y_{ro}^g}+\sum_{r=1}^{S_2}\frac{S_r^b}{y_{ro}^b}\right)}$$

$$s.t.\ x_o-\sum_{j=1}^{n}\lambda_j x_j-S^-=0$$

$$\sum_{j=1}^{n}\lambda_i y_j^g-y_o^g-S^g=0$$

$$y_o^b-\sum_{j=1}^{n}\lambda_j y_j^b-S^b=0$$

$$\lambda,\ S^-,\ S^g,\ S^b\geqslant 0$$

$$\sum_{j=1}^{n}\lambda_j=1 \tag{3-10}$$

式（3-10）中，S^- 代表与投入对应的松弛变量，S^g 代表与合意产出对应的松弛变量，S^b 代表非合意产出的松弛变量，$\sum_{j=1}^{n}\lambda_j=1$ 为规模报酬可变的约束条件。

表 3-16 2003～2015 年部分年份全国除西藏、港澳台外的 30 个省、自治区和直辖市的生态效率

地区\年份	2003	2005	2007	2008	2010	2012	2013	2015
北京	1.0000	1.0000	1.0000	1.0000	1.0000	1.0000	1.0000	1.0000
天津	1.0000	1.0000	1.0000	1.0000	1.0000	1.0000	1.0000	1.0000
河北	0.3745	0.3190	0.3104	0.2848	0.3419	0.3111	0.3050	0.3024
山西	0.2408	0.2528	0.2441	0.2304	0.2668	0.2324	0.2066	0.1547
内蒙古	0.2268	0.1975	0.2262	0.2180	0.2634	0.2685	0.2632	0.2599
辽宁	0.4144	0.2912	0.2776	0.2833	0.3641	0.3602	0.3705	0.3273
吉林	0.2752	0.2235	0.2469	0.2509	0.3162	0.3336	0.3481	0.3668
黑龙江	0.4027	0.3218	0.2729	0.2389	0.2406	0.2131	0.2036	0.1676
上海	1.0000	1.0000	1.0000	1.0000	1.0000	1.0000	0.4394	0.4030
江苏	1.0000	0.6105	0.6045	0.5551	0.6259	0.5596	0.4689	0.4921
浙江	1.0000	0.7825	0.8386	0.7202	1.0000	0.7846	0.4586	0.5594
安徽	0.2205	0.2187	0.2382	0.2301	0.3192	0.3497	0.3337	0.3238
福建	1.0000	0.3887	0.3711	0.3270	0.4267	0.4194	0.3978	0.4554
江西	0.2573	0.2538	0.3054	0.2872	0.3985	0.4189	0.3560	0.3352
山东	1.0000	1.0000	0.6809	0.5811	0.6262	0.5139	0.5232	0.5034
河南	0.3791	0.3259	0.3429	0.3292	0.3764	0.3573	0.3354	0.3436
湖北	0.2274	0.2027	0.2075	0.1945	0.2739	0.2850	0.2960	0.3220
湖南	0.2410	0.1814	0.2079	0.1944	0.2488	0.2757	0.2982	0.3170
广东	1.0000	1.0000	1.0000	1.0000	1.0000	1.0000	1.0000	1.0000
广西	0.1995	0.1800	0.2113	0.2075	0.2561	0.2738	0.2584	0.2786
海南	0.2589	0.2227	0.2273	0.1825	0.2066	0.1852	0.1408	0.1339
重庆	0.3013	0.2250	0.2497	0.2202	0.2768	0.2814	0.2536	0.2891
四川	0.1546	0.1821	0.2056	0.1981	0.2613	0.2982	0.3089	0.2749
贵州	0.0944	0.0956	0.0922	0.0980	0.1074	0.1147	0.1301	0.1536
云南	0.2643	0.1865	0.1823	0.1721	0.1928	0.1692	0.1736	0.1756
陕西	0.3349	0.3107	0.3407	0.3160	0.4199	0.4332	0.4304	0.3762
甘肃	0.1441	0.1411	0.1662	0.1439	0.1773	0.1660	0.1494	0.1206
青海	0.1262	0.1052	0.1208	0.1234	0.1820	0.2004	0.1681	0.1508
宁夏	0.1076	0.1028	0.1189	0.1245	0.1317	0.1216	0.1134	0.1143
新疆	0.2229	0.2206	0.2085	0.1888	0.1948	0.1582	0.1326	0.1166

数据来源：《中国城市年鉴》。

为了更直观地体现东、中、西部地区生态效率的差异，本研究用图3-1表示东、中、西部地区的生态效率。通过图3-1可知，中国生态效率呈“东—中—西”梯度递减，东部地区生态效率显著高于全国平均水平，中部和西部地区的差异相对不大。

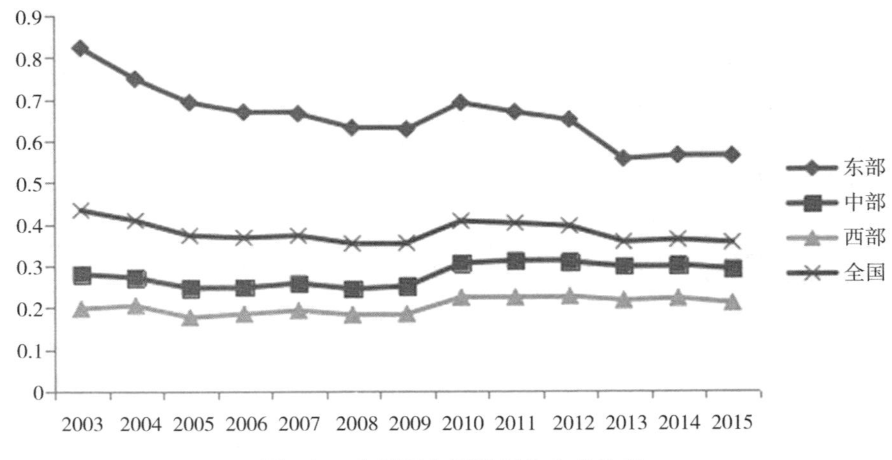

图3-1　全国及各区域平均生态效率

二、计量模型构建与变量选取

1. 模型设定

由于区域与区域之间的联系越来越紧密，区域之间的某些经济社会指标必然在空间上存在相互影响，用传统的计量方法研究生态效率会违背样本主体相互独立的前提，因此本研究使用空间计量方法来分析地方政府间是否存在税收竞争，以及税收竞争对区域生态效率的影响。空间计量模型有别于其他计量经济学模型之处在于它把被解释变量以及其与随机误差的空间依赖关系考虑在内。

（1）空间权重选取。空间权重是空间或地理位置信息的数值表现形式，基本假设为相邻两区域策略互动关系强于不相邻的两地区。由于关注税收竞争对经济发展和生态质量的综合影响，本部分选择经济距离矩阵和地理距离矩阵来检验税收竞争对生态效率的空间溢出效应。

（2）经济距离矩阵。通过计算两地区的经济距离，即两地区的经济差值倒数的绝对值，数值越大，说明空间经济距离越远。表达式为 $W_{ij}=\frac{1}{|\bar{Y}_i-\bar{Y}_j|\ (i\neq j)}$，$W_{ij}=0\ (i=j)$，其中 $\bar{Y}$ 为2003～2015年第 i 省的人均GDP。

（3）地理距离矩阵。通过计算两地区的地理距离，即两地区的地理距离差值倒数的绝对值，数值越大，说明地理距离越远。表达式为 $W_{ij}=\frac{1}{d_{ij}}$ $(i\neq j)$，$W_{ij}=0$ $(i=j)$，其中 d_{ij}是通过经度和纬度位置计算的省会城市的地表距离。

同样采用莫兰指数衡量空间相关性，计算公式如下：

$$I=\frac{n\sum_{i=1}^{n}\sum_{j=1}^{n}w_{ij}(x_i-\bar{x})}{\sum_{i=1}^{n}\sum_{j=1}^{n}w_{ij}(x_i-\bar{x})^2}=\frac{\sum_{i=1}^{n}\sum_{j\neq 1}^{n}w_{ij}(x_i-\bar{x})(x_j-\bar{x})}{S^2\sum_{i=1}^{n}\sum_{j=1}^{n}w_{ij}} \quad (3-11)$$

式（3-11）中，n 是研究区域内地区总数，w_{ij}是空间权重，地区 i 和地区 j 是否为相邻地区，分为地理上的相邻和经济上的相邻，故 w_{ij}分为地理权重和经济权重。x_i和 x_j分别为地区 i 和地区 j 的生态效率。$\bar{x}$ 是观察变量的平均属性，s^2 是观察变量的方差。

表 3-17　税收竞争与生态效率的全局莫兰指数检测结果

税收竞争	Moran's（I）	p-value*	生态效率	Moran's（I）	p-value*
2003	0. 115	0. 005	2003	0. 458	0. 000
2004	0. 129	0. 007	2004	0. 380	0. 000
2005	0. 129	0. 006	2005	0. 337	0. 001
2006	0. 097	0. 009	2006	0. 347	0. 000
2007	0. 138	0. 002	2007	0. 366	0. 000
2008	0. 348	0. 000	2008	0. 378	0. 000
2009	0. 176	0. 000	2009	0. 399	0. 000
2010	0. 302	0. 000	2010	0. 370	0. 000
2011	0. 315	0. 000	2011	0. 364	0. 000
2012	0. 229	0. 000	2012	0. 379	0. 000
2013	0. 196	0. 000	2013	0. 259	0. 005
2014	0. 194	0. 000	2014	0. 255	0. 006
2015	0. 180	0. 001	2015	0. 264	0. 005

数据来源：根据 stata15 生成数据整理。

表 3-17 为 2003 ～ 2015 年中国除西藏、港澳台外的 30 个省、自治区和直辖市税收竞争与生态效率的经济距离的空间相关性检测结果，从数值

上看，从2003～2015年中国除西藏、港澳台外的30个省、自治区和直辖市之间税收竞争的莫兰指数均大于0，表明地区之间税收竞争存在空间正相关，由此可知，经济发展水平相近的地区会采取相似的税收政策，或是都采取逐底竞争策略，或是都采取逐顶竞争策略。2003～2015年中国除西藏、港澳台外的30个省、自治区和直辖市之间生态效率的莫兰指数均大于0且趋向于1，表明中国省际之间的生态效率存在强烈正相关，由此证实了本部分选择空间计量模型的合理性。

（4）动态空间杜宾模型设定。在空间计量模型运用中，使用较多的有空间自回归模型、空间误差模型和空间杜宾模型等。

其中，空间自回归模型是通过引入因变量的滞后项来反映因变量的直接互动关系的空间模型，模型为：

$$y=\rho Wy+x\beta+\varepsilon \tag{3-12}$$

空间误差模型是通过引入扰动项的滞后项来反映因变量间受到系统冲击的互动关系的空间模型，模型为：

$$y=x\beta+\mu,\ \mu=\lambda M\mu+\varepsilon \tag{3-13}$$

空间杜宾模型是可同时解决被解释变量与解释变量空间滞后项的内生性问题的空间模型，模型为：

$$y=\rho Wy+\beta x+\theta Wx+\varepsilon \tag{3-14}$$

由此前莫兰指数检测结果可知，地区之间存在税收竞争，且税收竞争具有外溢性和生态效率具有空间相关性，所以本研究选择空间杜宾模型以研究税收竞争对生态效率的空间效应。本研究还引入生态效率的滞后项，避免序列相关问题，同时考察上一年的生态效率对本年的影响，构成动态空间杜宾模型。

$$EE_{it}=EE_{it-1}+\rho W\cdot EE_{it}+\beta_1 TC_{it}+\theta_1 W\cdot TC_{it}+\beta_2 Z_{it}+\theta_2 W\cdot Z_{it}+\mu_i+\lambda_t+\varepsilon_{it} \tag{3-15}$$

其中 ρ 为空间滞后回归系数，体现生态效率固有的空间依赖性；β 表示本地税收竞争及其他因素对本地区生态效率的影响；θ 表示本地税收竞争及其他因素对相邻地区生态效率的影响；W 体现为地区之间相互关系的n阶空间权重矩阵。μ_i 表示个体固体，λ_t 表示时间固定，ε_{it} 表示扰动项。

2. 变量选取

（1）因变量，即生态效率（EE），以上文测算结果为依据。

（2）自变量，即税收竞争（TC）。研究税收竞争的文献一般采用税收负担衡量税收竞争，本部分借鉴并综合已有方法选择流动性比较强的企业所得税占地方生产总值的比重来定义税收竞争，得出的值越大，代表地区税收竞争越激烈。数据来源于历年《中国税务年鉴》和《中国统计年鉴》。

（3）控制变量。本研究选取的是能够通过税收竞争影响区域生态效率的控制变量，主要包括：

第一，产业结构水平（stru）。用第二产业增加值与地区生产总值的比重来表示产业结构水平。第二产业增加值的增加能够带动地区经济发展，但是大多高污染、高能耗的企业也集中在第二产业，所以产业结构水平会对生态效率产生影响。

第二，贸易开放度（open）。使用按经营单位结算的进出口贸易总额来表示，进出口贸易总额与经济发展密切相关，随着进出口贸易总额的增多，居民在生活水平提高的基础上，对公共服务和环境质量的要求也越高，会倒逼地方政府加大环保力度。

第三，社会固定资产投资（asset）。用地区社会固定资产投资额表示，社会固定资产投资额代表着政府的投资力度，其大小必然会影响经济建设与环境质量。

第四，人力资本水平（hr）。用每十万人中在校大学生人数表示，人力资本是一个地区的潜在生产力，人力资本水平越高，地区经济发展越快；如果人力资本集中在第二产业，则会加重环境污染；如果人力资本主要集中在第三产业，则会促进环境质量的提升。

第五，人口密度（pd）。用地区人口总数与地区总面积的比值来表示。一个地区的人口密度越大，会有越多的劳动力来发展经济，也必然会影响环境质量。

第六，外商直接投资水平（fdi）。用地区外商直接投资总额表示，并根据当年平均汇率折算成人民币。“污染天堂”假说认为发达国家的企业会迫于本地区环境政策的压力，将污染密集型产业转移到环境标准相对低的发展中国家，后者在发展经济的同时，也会导致生态环境恶化。

第七，地区经济发展水平（rgdp）。用地区人均国民生产总值表示。一个地区的经济发展水平越高，越有可能花费财力进行环境治理。为了避免异方差，对所有大于1的变量数据全部进行取对数处理，各变量的描述统计请详见表3-18。所有使用的数据源于计量年份的《中国统计年鉴》和《中国环境统计年鉴》的公布资料。

表 3-18　各变量描述统计结果

	变量名称	符号	观测值	平均值	标准差	最小值	最大值
被解释变量	生态效率	*EE*	390	0. 3897	0. 2850	0. 0923	1. 0000
解释变量	税收竞争	*TC*	390	0. 0298	0. 0386	0. 0061	0. 2856
控制变量	产业结构水平	stru	390	0. 4816	0. 0811	0. 1974	0. 6886
	贸易开放度	open	390	9. 4382	1. 6226	5. 6133	12. 9603
	社会固定资产投资	asset	390	8. 5370	1. 0919	5. 5437	10. 7854
	人力资本水平	hr	390	7. 5644	0. 4825	5. 9563	8. 8388
	人口密度	pd	390	5. 6715	1. 5923	2. 0002	10. 3683
	外商直接投资水平	fdi	390	14. 2516	1. 6244	9. 7258	18. 2019
	人均国民生产总值	rgdp	390	10. 1312	0. 7003	8. 2164	11. 5895

数据来源：根据 stata15 统计软件整理得出。

三、税收竞争与生态效率讨论

选择极大似然法对模型估计，在固定效应和随机效应的检验中，豪斯曼检验结果强烈拒绝随机效应的假设，所以采用固定效应模型进行估计。在利用 Wald 检验 SDM 模型是否会退化成 SEM 和 SAR 模型时，均强烈拒绝原假设，因此，本部分研究选择空间杜宾模型是合理的。在地区固定效应、时间固定效应和时间地区双固定效应的模型中，时间地区双固定模型最为合理。表 3-19 为全样本回归结果。

表 3-19　全国税收竞争与生态效率的实证结果

变量	经济距离权重矩阵	地理距离权重矩阵
L . y	0. 703***	0. 973***
（生态效率）	(19. 27)	(27. 40)
lnrgdp	−0. 126**	−0. 387***
（GDP 指标）	(−2. 45)	(−7. 17)
lnfdi	−0. 00482	0. 00446
（外商直接投资指标）	(−0. 75)	(0. 65)
lnpd	0. 0338**	0. 597***
（人口密集指标）	(0. 31)	(6. 36)

续表

变量	经济距离权重矩阵	地理距离权重矩阵
lnhr （人口资源指标）	-0. 00209 (-0. 05)	-0. 144 * * * (-3. 52)
lnopen （贸易开放度指标）	0. 0185 （1. 35）	0. 00506 （0. 38）
lnasset （社会固定资产投资指标）	0. 0706 * * （2. 72）	0. 0167 * * （0. 72）
stru （产业结构水平指标）	0. 168 * * （1. 60）	0. 124 * * （1. 23）
TC （税收竞争指标）	1. 1725 * * * （4. 08）	1. 540 * * * （4. 75）
lnrgdp （地区经济发展水平指标）	-0. 0276 * (-0. 36)	-2. 681 * * * (-12. 97)
lnfdi （外商直接投资指标）	0. 000669 （0. 05）	0. 286 * * * （5. 23）
lnpd （人口密度指标）	-0. 0430 * * (-0. 40)	-0. 571 * * * (-6. 06)
lnhr （人口资源指标）	0. 0215 （0. 35）	0. 0689 （0. 66）
lnopen （贸易开放度指标）	-0. 0267 (-1. 29)	0. 392 * * * （10. 93）
lnasset （社会固定资产投资指标）	0. 00600 * * （0. 14）	1. 403 * * * （12. 46）
stru （产业结构水平指标）	-0. 122 * * (-0. 88)	-0. 0143 * * (-0. 10)
TC （税收竞争指标）	-1. 553 * * (-2. 51)	-18. 51 * * * (-4. 89)
Spatial rho （空间竞争水平）	1. 3335 * * * （11. 53）	2. 901 * * * （25. 11）

续表

变量	经济距离权重矩阵	地理距离权重矩阵
Variance sigma2_ e （方差）	0.0025*** （14.54）	0.0022*** （12.88）
N	360	360

注：本部分通过 stata15 软件整理得出，括号内为 t 值。* $p < 0.05$，** $p < 0.01$，*** $p < 0.001$。

从全样本模型的回归结果可知，无论是经济距离矩阵还是地理距离矩阵，生态效率的滞后项与当期的生态效率呈显著正相关，说明生态效率具有时间惯性，从侧面反映出本研究选择动态空间杜宾模型的合理性。经济距离矩阵和地理距离矩阵下的税收竞争对本地区的生态效率具有显著的促进作用，而对于相邻地区的生态效率则起到了抑制作用。说明地方政府间通过税收竞争的方式进行招商引资，一个地区吸引的流动企业越多，越能促进本地区的经济发展，但这种行为会导致流入相邻地区的企业数量减少，而生态效率评价的是经济与环境协调发展的能力，当相邻地区流动企业减少时，经济产出也必然随之减少，进而降低了相邻地区的生态效率。

从控制变量方面来看，人均 GDP 的增长能够显著降低本地区和相邻地区的生态效率，工业仍然是促进中国经济增长的主导产业，但在促进经济增长的同时，也付出了巨大的环境代价。人口密度能显著促进本地区生态效率的提高，但是抑制了相邻地区的生态效率。因为人口密集的地区，有更多的劳动力，进而能够促进地区经济发展，但是也会产生一定的环境污染，又由于污染物具有外溢效应，邻近地区的污染物会增加，所以会降低邻近地区的生态效率。

人力资本水平抑制了本地区的生态效率。目前中国第二产业企业吸收了大量劳动力就业，排出大量具有负外部效应的污染物，增加了环境治理负担。产业结构对本地区的生态效率具有促进作用，但是抑制了相邻地区的生态效率，这是由于当本地区第二产业大多来源于工业时，本地区第二产业增加值增加，促进了本地区的经济发展，也必然会带来环境污染。对于本地区来讲，经济发展的速度高于环境污染的速度或环境污染的治理速度，能够产生净收益，但是由于污染物具有外溢效应，一个地区的第二产业增加值的增加会导致相邻地区污染物的增多，所以会降低相邻地区的生态效率。政府主导的社会固定资产投资显著促进本地区和相邻地区的生态效率，因为政府倾向于投资基础设施建设，促进本地区经济增长，进而辐射到周边地区，带动相邻地区经济增长。

东、中、西部地区由于地理位置、经济发展水平和资源禀赋存在差异，其税收竞争对生态效率的影响是否存在差异，也是本研究关注的问题。表3-20是在经济距离权重矩阵下东、中、西三大区域税收竞争对生态效率的回归结果。

表3-20　区域层面回归结果

变量		东部 y	中部 y	西部 y
Main	L.y	0.634*** (10.20)	0.118*** (1.06)	0.581*** (10.43)
	lnrgdp	0.0781** (0.49)	-0.0207 (-1.94)	0.0994*** (3.93)
	lnfdi	-0.000473 (-0.02)	-0.712*** (-4.26)	-0.00617 (-1.70)
	lnpd	0.162** (0.77)	0.152** (2.54)	0.0165*** (0.25)
	lnhr	-0.00329 (-0.02)	0.0319* (2.10)	0.0451* (1.50)
	lnopen	-0.0848 (-1.73)	0.0583 (1.42)	0.00997 (1.62)
	lnasset	0.120** (1.71)	0.639*** (3.37)	-0.0242** (-1.52)
	stru	0.140** (0.51)	-1.958** (-2.46)	0.248*** (3.82)
	TC	0.754** (1.31)	0.391 (1.19)	-0.793** (-1.68)
Wx	lnrgdp	-0.276** (-0.93)	-0.0800** (-1.88)	0.0590 (0.39)
	lnfdi	0.0460 (0.81)	-1.228 (-1.85)	-0.0419** (-2.69)

续表

变量		东部	中部	西部
		y	y	y
Wx	lnpd	−0. 165	−0. 144	−0. 0671
		(0. 78)	(−0. 59)	(−0. 19)
	lnhr	0. 260	−0. 0610**	0. 219
		(1. 33)	(−1. 20)	(1. 54)
	lnopen	0. 0584	−0. 0125**	0. 0281
		(0. 69)	(−0. 14)	(1. 06)
	lnasset	−0. 0124**	0. 0490	−0. 0811**
		(−0. 08)	(0. 10)	(−0. 73)
	stru	−0. 243**	−2. 520**	−0. 400**
		(−0. 66)	(−1. 18)	(1. 18)
	TC	−1. 467	−0. 446**	−1. 166***
		(−1. 30)	(−2. 33)	(−0. 42)
Spatial	rho	0. 420***	0. 0003***	0. 705**
		(3. 51)	(7. 09)	(2. 76)
Variance	sigma2_ e	0. 00489***	0. 000934**	0. 0000977***
		(8. 64)	(8. 87)	(9. 09)
N		132	96	132

注：本部分采用 stata15 整理得出，括号内为 t 值。* $p < 0.05$，** $p < 0.01$，*** $p < 0.001$。

从分区域的模型回归结果可以看出，东部地区的税收竞争促进了本地区生态效率的提高。因为东部地区主要通过税收竞争进行公共服务融资，营造良好的营商环境，同时也加大了生态环境的治理力度，进而提高了本地区的生态效率，所以东部地区的税收竞争属于逐顶竞争；而中、西部地区省际之间的税收竞争则降低了区域生态效率，因为中、西部地区的财力和支出责任的缺口比较大，为了完成中央的考核指标，不得不利用税收优惠和降低环境标准的方式进行税收竞争，从而导致环境质量的降低。所以，中、西部地区的税收竞争属于恶性竞争，即逐底竞争。

从空间效应来看，东、中、西部地区的税收竞争均抑制了相邻地区的生态效率的提高，和全国回归结果一致。从控制变量方面来看，地区产业结构提升了东部和西部地区的生态效率，却抑制了相邻地区的生态效率，这更加印证了中国第二产业在 2003 ～ 2015 年是主导产业的事实，在促进本地区经济增长的同时，却对周边地区的环境质量产生了大量的负外部效应，结果降低了周边地区的环境绩效。

通过上述分析，对税收竞争在促进生态效益建设方面的作用进行总结。以中国除西藏、港澳台外的 30 个省、自治区和直辖市的面板数据为分析单位，运用莫兰指数和动态空间杜宾模型检验了晋升锦标赛体制下税收竞争对生态效率的影响，结果发现全国范围内的税收竞争对生态效率具有促进作用，但是却抑制了相邻地区的生态效率。分区域来看，东部地区的税收竞争促进了生态效率的提高，中、西部地区的税收竞争则显著地抑制了本地区和相邻地区的生态效率。由此可以推断，东部地区的税收竞争总体上属于逐顶竞争，即通过税收竞争进行公共服务融资来营造良好的营商环境而进行的竞争；而中、西部地区的税收竞争则属于逐底竞争，通过降低税负和环境监管标准而吸引高污染、高耗能产业来完成绩效考核指标，进而弱化了经济与环境协调发展的能力，东部地区在促进全国生态效率提升方面起到了重要作用。

为了实现区域协调发展和绿色发展的目标，应构建以发展质量为导向的政绩考核体系。提高环保指标在政府政绩考核中的权重，弱化经济考核指标，以扩大正向溢出效应，形成对周边地区生态效率提升的有效辐射，同时也可以有效遏制地方政府盲目追求粗放式经济增长而加剧环境污染的行为，使地方政府之间的税收优惠政策回归理性。

推进区域经济合作和实现互利共赢。地方政府在吸引外资方面应逐步从降低环境标准或提供优惠政策转变为通过改善地区基础设施和人才配置来吸引外资。区域政府之间应该打破行政垄断，共同加大环境综合治理力度，创新环境治理的理念和方式，实现跨区域的政府、企业和公众共治的环境治理体制，从整体上提高环境绩效水平。

东部地区应继续通过税收竞争进行公共服务融资，提高环境治理能力。中、西部地区需立足自身实际，加快结构升级。同时中央应加大对中、西部地区的转移支付力度，中、西部地区应加快产业结构升级，对不同行业进行结构性减税，而非通过普遍的税收竞争促进经济增长，以加快生态文明进程的推进。

第四章　政府间支出竞争的环境污染空间效应

在收入分权既定的条件下，地方政府财政支出具有较大的自主权。地方官员任期具有明显的时限，GDP 在政绩考核中的重要位置等实际情况促使着地方政府追求短期经济增长，激励其在财政支出方面更加偏向直接促进经济增长的经济建设支出而弱化社会性支出，使社会性支出弱化成为经济社会协调发展的软肋。本章以财政分权引起地方政府财政支出竞争作为理论基础，实证研究地方政府在环境保护、财政支出方面存在的策略互动行为，继而从支出规模竞争和支出结构竞争两个方面，探究其与环境污染的关系。

第一节　全国与区域财政支出特征

一、全国财政支出结构下沉与发展变化

（一）全国财政支出结构不断下沉

中国政府为层级制结构，中央政府掌管国家政治、文化、国防、外交等一切事宜，同时掌握地方政府官员的任免权。地方政府接受中央政府的安排，利用中央政府分配的要素及辖区资源进行配置，拥有对辖区内相关事务的管辖权。1994 年税制改革之后，中央与地方的财政支出结构随之发生了变化。

表 4-1　中央和地方财政支出及比重（单位：万亿元、%）

年份	总体	中央本级支出	地方支出	比重	
				中央本级支出	地方支出
1995	6823.72	1995.39	4828.33	0.29	0.71
1996	7937.55	2151.27	5786.28	0.27	0.73
1997	9233.56	2532.50	6701.06	0.27	0.73
1998	10798.18	3125.60	7672.58	0.29	0.71

续表

年份	总体	中央本级支出	地方支出	比重	
				中央本级支出	地方支出
1999	13187. 67	4152. 33	9035. 34	0. 31	0. 69
2000	15886. 50	5519. 85	10366. 65	0. 35	0. 65
2001	18902. 58	5768. 02	13134. 56	0. 31	0. 69
2002	22053. 15	6771. 70	15281. 45	0. 31	0. 69
2003	24649. 95	7420. 10	17229. 85	0. 30	0. 70
2004	28486. 89	7894. 08	20592. 81	0. 28	0. 72
2005	33930. 28	8775. 97	25154. 31	0. 26	0. 74
2006	40422. 73	9991. 40	30431. 33	0. 25	0. 75
2007	49781. 35	11442. 06	38339. 29	0. 23	0. 77
2008	62592. 66	13344. 17	49248. 49	0. 21	0. 79
2009	76299. 93	15255. 79	61044. 14	0. 20	0. 80
2010	89874. 16	15989. 73	73884. 43	0. 18	0. 82
2011	109247. 79	16514. 11	92733. 68	0. 15	0. 85
2012	125952. 97	18764. 63	107188. 34	0. 15	0. 85
2013	140212. 10	20471. 76	119740. 34	0. 15	0. 85
2014	151785. 40	22569. 91	129215. 49	0. 15	0. 85
2015	175877. 77	25542. 15	150335. 62	0. 15	0. 85
2016	187755. 21	27403. 85	160351. 36	0. 15	0. 85

数据来源：根据《中国统计年鉴》等相应年份数据整理。

表4-1反映了分税制改革以来中央和地方财政支出总额及比重情况。财政支出总量呈现逐年增长趋势，中央本级财政支出和地方财政支出总量也逐年增长。在财政支出比重方面呈现出中央本级财政支出占比不断降低、地方财政支出占比不断上升的趋势。2005年之前，中央、地方占比大约为3∶7；2005～2007年比重约为2.5∶7.5；2008～2010年比重约为2∶8；2011年以后，比重约为1.5∶8.5，可见，在不考虑中央和地方财政收入划分条件下，自财政分权以来，地方政府实际支出的比重在持续上升。

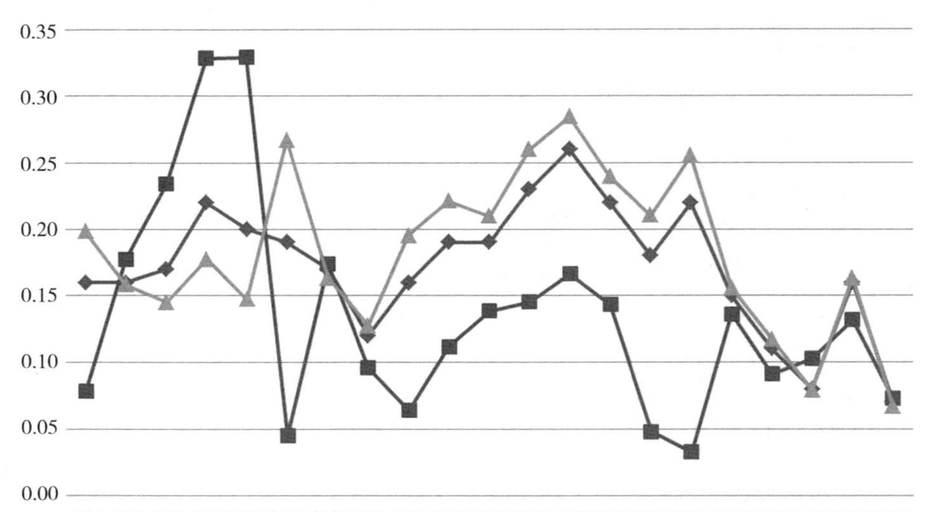

图 4-1 全国、中央本级、地方财政支出增速的比较

如图 4-1 所示，全国、中央本级及地方财政支出的增长率呈波浪式前进。全国和地方财政支出增速较为稳定，财政支出增长率在一定范围内有所波动。尤其是 2000 ～ 2002 年，中央本级财政支出增速变化较大，之后维持在相对稳定的态势中。2000 年政府调整财政支出结构，通过积极的财政政策，刺激内需，拉动经济增长，并实施西部大开发战略，弥补西部地区公共服务水平短板，图中曲线的波动程度较为符合这些政策方针的实施。自 2004 年开始，地方财政支出增速高于全国以及中央本级财政支出增速，这说明财政支出分权趋势日渐强化。

地方政府无论是从财政支出占比还是财政支出增速方面，都超越了中央政府。层级体制赋予中国独特的财政分权形式，中央政府将部分权力下放至地方政府，简政放权式财政分权赋予地方政府更多的财政支出决策权。受到资源有限等因素的限制，这种简政放权使地方各级政府倾向于向中央政府争取更多的优惠以争夺有限的资源。这样，相邻地方政府的财政支出行为就会对地方政府产生影响，由此产生了财政支出的空间策略互动行为，继而产生财政支出竞争。

（二）东、中、西部地区财政支出

为了讨论地方财政支出在空间维度上的区域差异，本研究根据传统上生产环境、资源禀赋、经济发展水平等因素划分为东部、中部和西部地区：东部地区海陆空交通运输便利，资源丰富，气候适宜，工业、农业等发展较快，科技发展水平较高，经济较为发达；中部地区地处中原，资源丰富，具有发展农业的良好条件，连接东部和西部；西部地区幅员辽阔，人口密度较小，气候较为恶劣，多为山地、高原或沙漠，较东、中部地区而言，经济发展水平较为落后。首先从整体上分析其财政支出比重。

表 4-2　东、中、西部财政支出总额及比重（单位：万亿元、%）

年份	全国	财政支出总额			比重		
		东部	中部	西部	东部	中部	西部
2007	49781. 35	19660. 95	10840. 07	7764. 19	0. 39	0. 22	0. 16
2008	62592. 66	22458. 11	13574. 28	10607. 68	0. 36	0. 22	0. 17
2009	76299. 93	29699. 23	18124. 02	14219. 86	0. 39	0. 24	0. 19
2010	89874. 16	32452. 90	20004. 99	15958. 43	0. 36	0. 22	0. 18
2011	109247. 79	40298. 02	25684. 64	20582. 91	0. 37	0. 24	0. 19
2012	125952. 97	47456. 32	30676. 26	25093. 37	0. 38	0. 24	0. 20
2013	140212. 10	53466. 81	34483. 46	27881. 76	0. 38	0. 25	0. 20
2014	151785. 40	55938. 46	35936. 77	29498. 24	0. 37	0. 24	0. 19
2015	175877. 77	69207. 37	42518. 41	34338. 03	0. 39	0. 24	0. 20
2016	187755. 21	74885. 03	45085. 74	36568. 37	0. 40	0. 24	0. 19

数据来源：根据《中国统计年鉴》相应年份数据整理。

表 4-2 反映 2007 ～ 2016 年东、中、西部地区财政支出及比重情况。总体上看，东、中、西部地区财政支出总额呈现逐年增长趋势，财政支出占比保持较为稳定。各地区财政支出占比也反映了地区经济发展水平差异，东部地区所占比重最高，中部次之，西部最低。

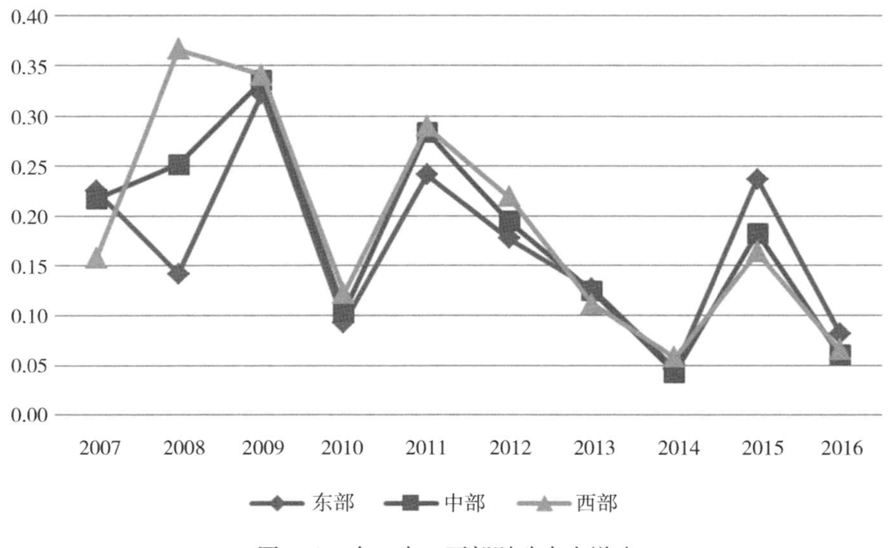

图 4-2　东、中、西部财政支出增速

图4-2直观地反映了东、中、西部财政支出总额的增速情况。东、中、西部增速的波动趋势较为一致，自2009年以来，增长速度基本相同。究其原因，可以认为中央政府的宏观调控较为有效，三个地区财政支出都控制在一定的范围内，同时也反映出中央政府对地方政府财政方面的放权。

二、全国与区域环境保护支出规模与结构

考虑到本部分主要探讨财政支出与环境污染的关系，因此主要对全国及各地区的环境保护支出做具体分析。自2007年起，环境保护支出纳入财政支出科目，主要反映地方政府在履行环境保护职能时所发生的支出。由图4-3可知，不论是全国还是东、中、西部地区，环境保护支出逐年增加。与财政支出东部最多、中部次之、西部最少的情况不同，2007年和2008年西部地区环境保护支出高于东部和中部地区；2009年之后环境保护支出逐渐呈现出东部最多、西部次之、中部最少的局面。

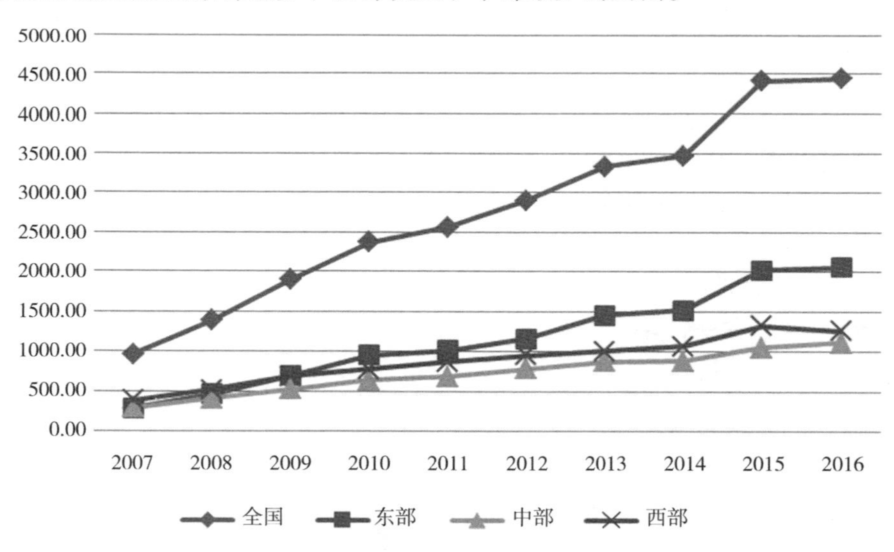

图4-3　全国及各地区地方政府环境保护支出

考虑到东、中、西部地区经济发展水平、财力等方面存在差异，对东、中、西部地区分别进行分析，以探究不同区域环保支出的差异。用于环境保护目的的财政支出规模和支出结构很大程度上反映出地方政府对环境保护的责任意识和对环境污染治理的重视程度。本研究采用相对值衡量支出规模和支出结构。

（一）环境保护支出规模

环境保护支出规模用来衡量地方政府在环境保护方面支出的规模情况，由地方政府环境支出除以该地区 GDP 得出，相关数据来自相应年份的《中国统计年鉴》。下表所示为 2007 ～ 2016 年全国及东、中、西部地区环境保护支出规模情况。

表 4-3　全国及东、中、西部环境保护支出规模（单位：万亿元）

年份	全国	东部	中部	西部
2007	0. 003487	0. 001747	0. 004505	0. 008058
2008	0. 004233	0. 002430	0. 005178	0. 008882
2009	0. 005191	0. 003273	0. 006042	0. 010156
2010	0. 005429	0. 003819	0. 006090	0. 009528
2011	0. 004922	0. 003457	0. 005364	0. 008652
2012	0. 005030	0. 003615	0. 005524	0. 008396
2013	0. 005293	0. 004160	0. 005648	0. 008000
2014	0. 005072	0. 004006	0. 005260	0. 007765
2015	0. 006091	0. 005037	0. 006005	0. 009115
2016	0. 005691	0. 004774	0. 005843	0. 008035

数据来源：根据《中国统计年鉴》相应年份整理。

根据表 4-3 制作全国及东、中、西部环保支出规模变化图 4-4。该图反映了全国及东、中、西部地区环境保护支出规模的情况。由图可知，全国及东、中、西部地区环境保护支出总体相对稳定，不同年份间存在上升或下降。西部地区环境保护支出规模较大，维持在 0. 8% ～ 1% ，中部次之，东部最小，中部地区环境保护支出规模略高于全国水平，近年来趋于一致。它在很大程度上反映出地区之间经济发展水平的差别。同时可以发现全国及东、中、西部地区环境保护支出规模的差距有不断缩小的趋势，在分权体制下，地方政府争夺有限资源的过程中，与空间相邻地区争夺流动要素时，以及在新型政治晋升锦标赛的激励下，全国及东、中、西部环境保护支出规模逐渐缩小，这种财政支出结构的趋同性是否受地方政府间财政支出竞争的策略互动行为选择的影响，是否存在环境保护支出规模竞争？这是后续需要研究的问题。

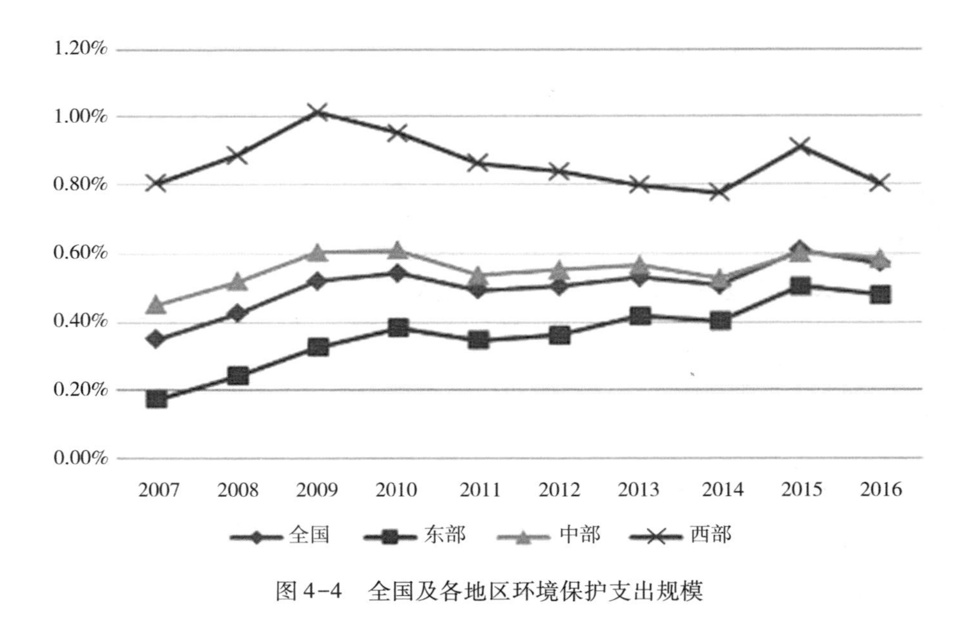

图 4-4　全国及各地区环境保护支出规模

在大体了解东、中、西部环保支出规模的基础上，有必要再细化到具体环保支出情况。图 4-5 直观地反映了每个省级行政区（除港澳台外）环境保护支出规模的变化情况。其中北京、河北等地区支出规模增加幅度较大。环境保护支出规模的增长体现了地方政府对环境保护重视程度的提升，这与中央政府出台的相关政策有很大的关系，例如，2007 年出台《主要污染物总量减排考核办法》，以此作为地方政府官员考核的重要依据，严格实行问责制和“一票否决”制。北京、河北环境保护支出规模的快速增长主要是因为长期以来京津冀地区环境问题受到高度关注，加上《京津冀协同发展规划纲要》颁布实施，地方政府更加重视对环境的治理，打响污染防治攻坚战。

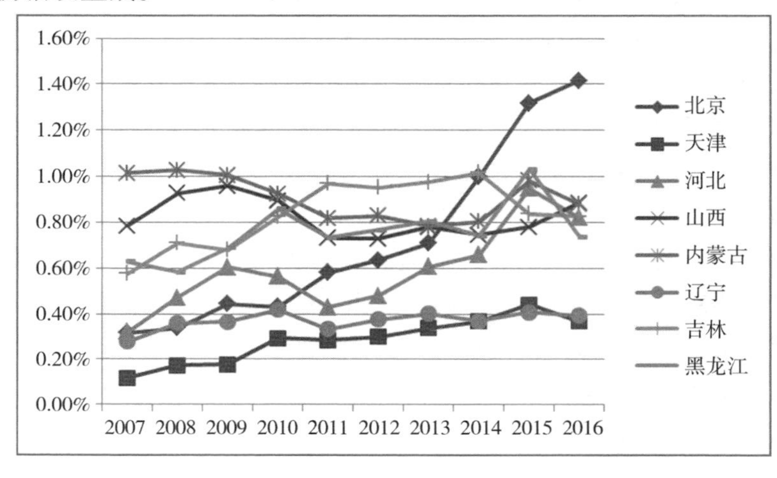

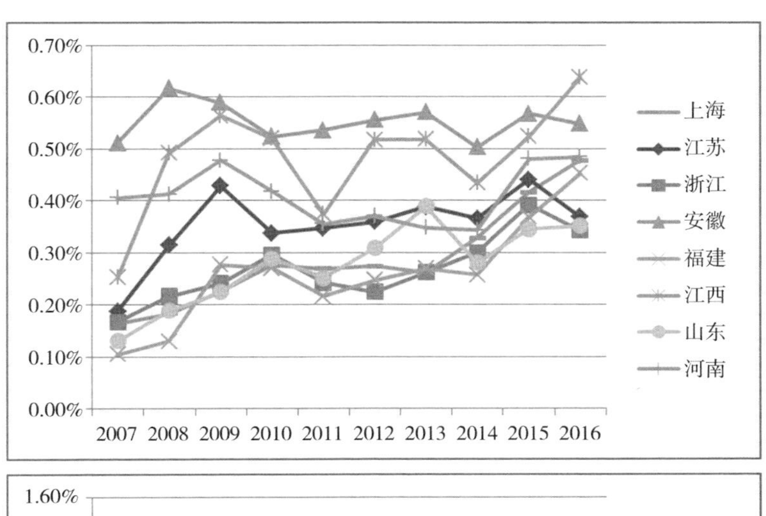

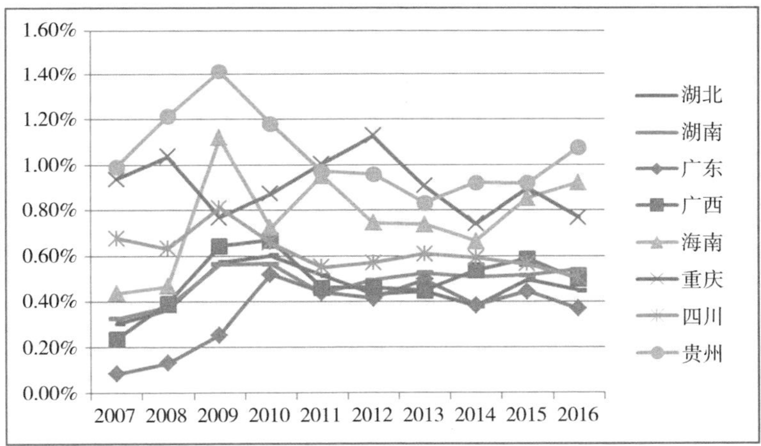

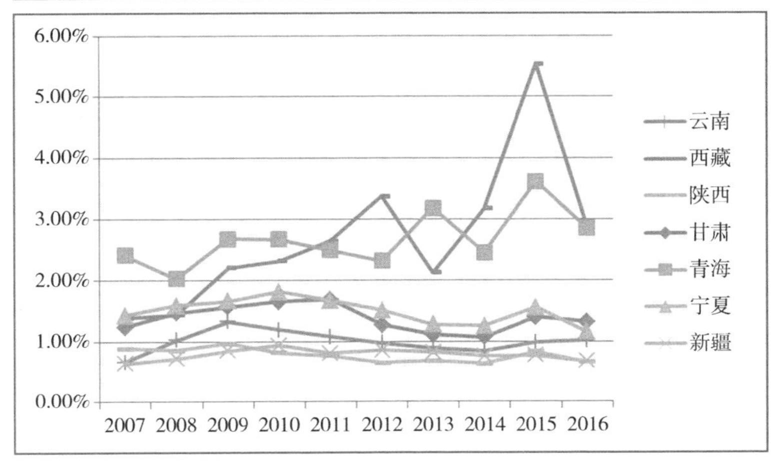

图 4-5　各省级行政区环境保护支出规模变化情况

（二）环境保护支出结构

环境保护支出结构反映了地方政府在环境保护方面支出结构的情况，由地方政府环境支出除以该地区公共财政支出所得，相关计量所使用的数据源自相应年份《中国统计年鉴》所公布的资料。表4-4为2007～2016年全国及东、中、西部地区环境保护支出结构的具体情况。

表4-4　全国及东、中、西部环境保护支出结构

年份	全国	东部	中部	西部
2007	0.025072	0.015252	0.029679	0.039157
2008	0.028126	0.020282	0.032041	0.037587
2009	0.031062	0.025100	0.032996	0.038691
2010	0.032111	0.028659	0.033518	0.036238
2011	0.027679	0.024663	0.028309	0.031653
2012	0.027053	0.024857	0.027729	0.029637
2013	0.027851	0.027644	0.027639	0.028345
2014	0.026861	0.026875	0.025950	0.027639
2015	0.029284	0.029783	0.027135	0.030433
2016	0.027685	0.028489	0.026800	0.027222

根据表4-4制作全国及东、中、西部环保支出结构变化图示，参见下图4-6。

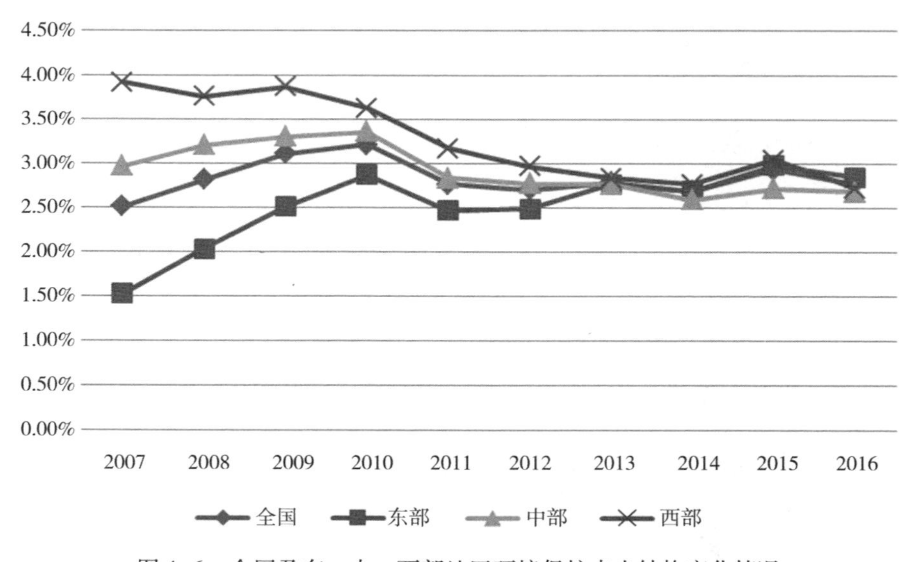

图4-6　全国及东、中、西部地区环境保护支出结构变化情况

由图4-6可知，全国及东、中、西部地区环境保护支出结构近年来逐步趋于一致。西部地区环境保护支出占财政支出的比重逐年降低，说明西部地区更倾向于将财政支出用于其他方面，如经济建设等；东部地区环境保护支出占财政支出比重逐年上升，说明东部地区政府提高了环境污染治理的重视程度；全国层面及中部地区则较为稳定，全国层面略有上升，中部地区略有下降。

图4-7直观地反映了每个省级行政区（除港澳台外）环境保护支出结构的变化情况。各地区环境保护支出结构各不相同，差异较大。北京、河北、上海等地区环境保护支出占公共财政支出的比例总体呈上升趋势；浙江、辽宁等地区保持相对稳定；内蒙古、安徽、宁夏等地区则略有下降。

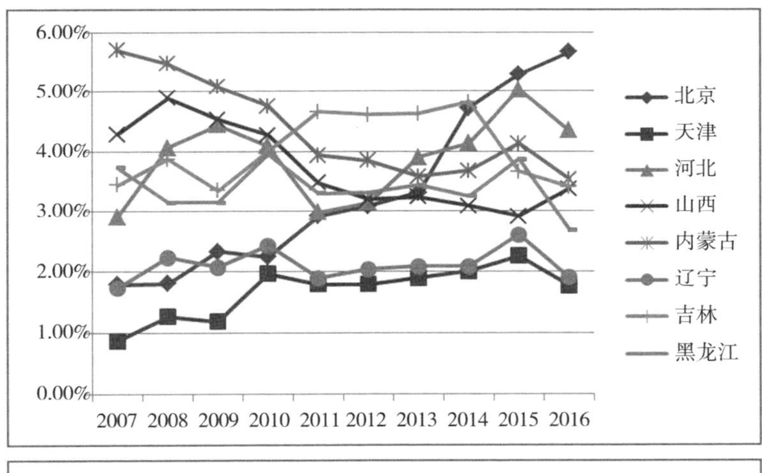

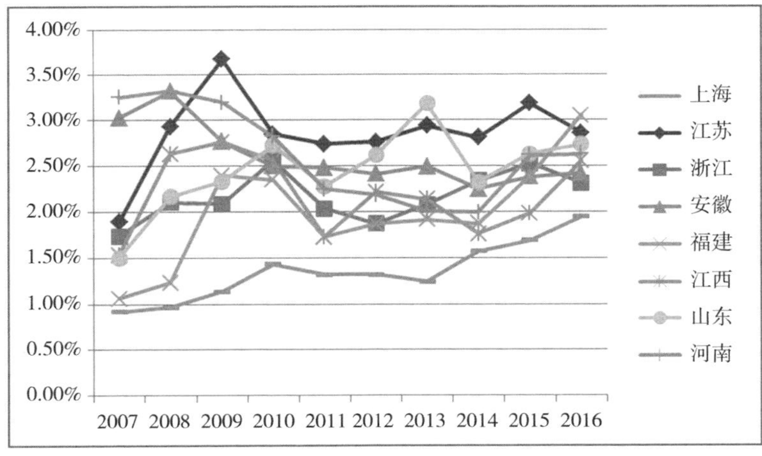

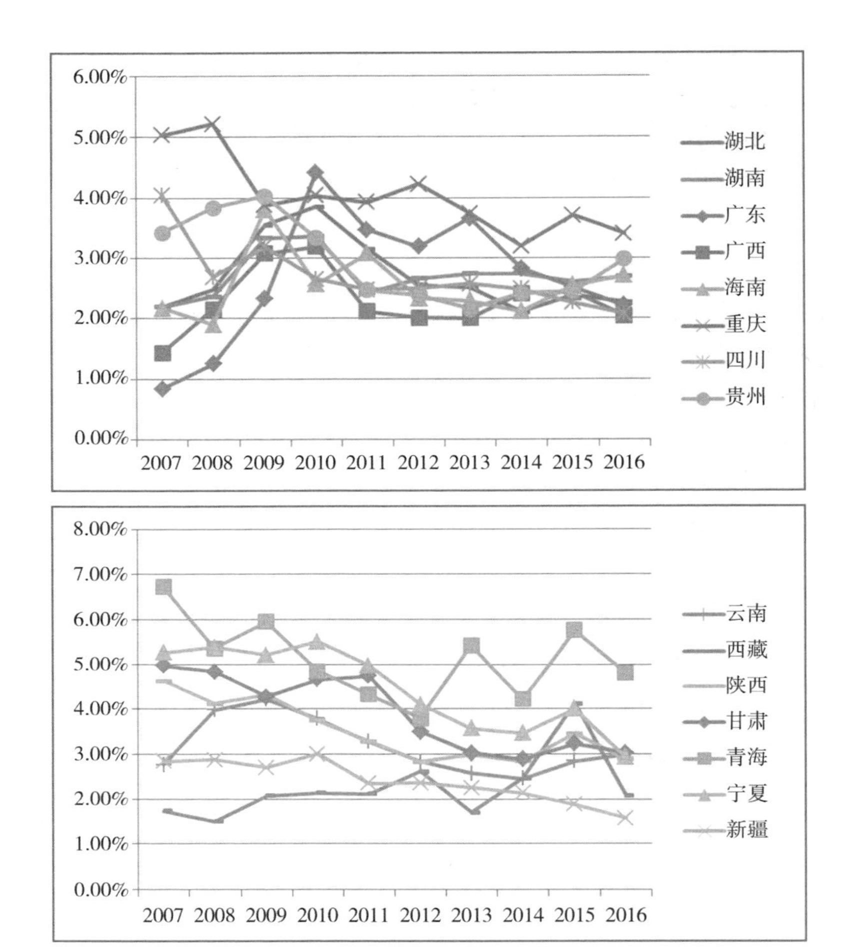

图 4-7　全国各地区环境保护支出结构变化情况

以上是全国及东、中、西部地区财政支出、环境保护支出情况，从财政支出规模和财政支出结构两个方面，对全国东、中、西部地区及除港澳台外的 31 个省、自治区和直辖市的具体情况进行分析，为后续支出竞争的空间相关性检验等提供了支持。

第二节　支出竞争的空间相关性检验

一、地方政府支出竞争的判断标准

观察变量在空间中表现出来的非独立性模式，即某一地区的观察变量与其他地区的观察变量存在显著的相关性，随某地区的变化而变化，就说明该变量存在空间相关性，是事物和现象本身所固有的空间经济属性，是地理空间现象和空间过程的本质属性。传统的统计学分析不考虑空间相邻地区带来的影响，即不考虑环境等因素，但在中国政策环境和激励机制一致的条件下，加上受到财政等资源的约束，会发生地方政府博弈行为，在竞争有限资源的过程中，需要考虑相邻地区之间的空间影响要素。

任何事物都不是孤立存在的，事物与事物之间存在相关性，距离相近、属性相似的事物相互之间影响更大。空间相关性是用来测算某地区的相关变量对其他地区相关变量的依赖程度，这种依赖通常叫作空间依赖性。社会是一个整体，任何区域的经济活动都将受到其他相邻地区的影响，例如，社会上存在多个市场，市场之间不存在贸易壁垒，相邻市场间就会进行商品交换活动，其中商品价格是透明的，因此相邻市场的商品价格对本市场商品的价格就会产生影响，人们会倾向于选择去价格低的市场购买商品。通过分析可知，商品属性越相似，市场距离越近，对本市场的影响越大。空间相关地区若存在空间依赖性，则会对相邻地区产生影响，本地区与相邻地区会产生策略互动行为，这种策略互动即为空间竞争行为。

测量空间相关性的方法有很多，常见的方法包括莫兰指数法、吉尔指数法、局部莫兰指数法、局部吉尔指数法、LM 检验、LR 检验等，其中莫兰指数法、吉尔指数法能从整体上观察变量之间的相关性，局部莫兰指数、局部吉尔指数能够检测地区集聚的情况，LM 检验和 LR 检验能够进一步检验误差项等是否存在空间相关性，本部分的研究目的是检测地区政府间是否存在空间依赖性，是否存在财政竞争行为，因此本研究选择莫兰指数和局部莫兰指数进行检验。

根据 Anselin 于 1995 年提出的莫兰指数[①]，使用其计算公式：

$$I_{\mathrm{i}}=\frac{(x_i-\bar{x})}{S^2}\sum_{i\neq j}w_{ij}\ (x_j-\bar{x}) \tag{4-1}$$

其中，当局部莫兰指数大于零，表示正相关，地区间高值与高值相聚、低值与低值相聚；小于零则表示负相关，地区间高值与低值相聚、低值与高值相聚；等于零则不存在相关关系。由此根据上述计算公式，利用莫兰指数和局部莫兰指数对财政支出的竞争性进行衡量。

① Anselin L.，1995：“Local indicators of spatial association - LISA”，*Geographical Analysis*，Vol. 27（2），pp. 93-115.

二、环境保护支出规模竞争空间相关性检测

本部分内容主要检测全国各地区是否存在环境保护支出规模竞争，采用莫兰指数和局部莫兰指数进行检测。

1. 莫兰指数。表4-5为全国环境保护支出规模空间相关性的检测结果。检测结果显示，从总体上看，2007～2016年环境保护支出规模的空间相关指数呈显著相关关系，说明相邻地区环境保护支出规模存在空间依赖性，具有竞争行为。具体来看，所有指数均大于0且小于1，p值均小于0.01，强烈拒绝原假设。由此说明，在地区环境保护支出规模竞争中，地理空间相邻的地区相关策略行为对本地区的影响较大，本地区选择策略模仿行为。

表4-5 莫兰指数检测结果

年份	变量				
	I	E（I）	sd（I）	z	p-value *
2007	0.471	-0.033	0.110	4.575	0.000
2008	0.481	-0.033	0.117	4.402	0.000
2009	0.445	-0.033	0.113	4.220	0.000
2010	0.465	-0.033	0.112	4.453	0.000
2011	0.405	-0.033	0.111	3.935	0.000
2012	0.334	-0.033	0.101	3.648	0.000
2013	0.328	-0.033	0.097	3.713	0.000
2014	0.307	-0.033	0.100	3.395	0.000
2015	0.221	-0.033	0.090	2.834	0.002
2016	0.236	-0.033	0.105	2.560	0.005

2. 局部莫兰指数。根据2007～2016年全国除港澳台外的31个省、自治区和直辖市的局部莫兰指数散点图可见，地方政府大多在第三象限，属于“低值—低值”类型，说明相邻地区间存在着强烈的依赖性，相邻地区则存在着财政支出竞争行为。在观察年份，第一象限有甘肃、陕西、贵州、宁夏、西藏、云南等地区，该象限为“高值—高值”类型的地区，说明这些地区的环境保护支出规模均高于其他地方，其周边也聚集着此类支出数额较高的地区。甘肃、陕西、宁夏在地理上相邻，云南、贵州也在地理上相邻，这可以说明这些地理相邻地区在制定环境保护支出政策时，采

取了相仿的财政支出竞争的策略。属于第四象限“高值—低值”类型的有北京和内蒙古，说明这两个地区存在着空间异质性。

综上，通过莫兰指数和局部莫兰指数的检测可以得出，中国地方政府在环境保护财政支出规模方面存在强烈的空间依赖性，说明地方政府在环境保护支出规模方面存在竞争行为。

三、环境保护支出结构竞争空间相关性检测

本部分内容主要检测全国各地区是否存在环境保护支出结构竞争。如前文所述，采用莫兰指数和局部莫兰指数加以检测。

表4-6为全国环境保护支出结构空间相关性的检测结果。检测结果显示，从总体上看，2007～2016年环境保护支出结构的空间相关指数不相关，说明相邻地区环境保护支出结构不存在明显的空间依赖性，竞争行为不明显。

表4-6　莫兰指数检测结果

年份	变量				
	I	E（I）	sd（I）	z	p-value*
2007	0.210	-0.033	0.119	2.050	0.020
2008	0.150	-0.033	0.120	1.532	0.063
2009	0.154	-0.033	0.118	1.585	0.056
2010	0.113	-0.033	0.119	1.228	0.110
2011	-0.012	-0.033	0.119	0.181	0.428
2012	-0.058	-0.033	0.118	-0.206	0.418
2013	0.004	-0.033	0.116	0.322	0.374
2014	0.101	-0.033	0.117	1.148	0.126
2015	0.144	-0.033	0.117	1.524	0.064
2016	0.026	-0.033	0.113	0.527	0.299

具体来看，仅2007年的指数均大于0且小于1，且p值小于0.05，拒绝原假设。鉴于此，本部分不再进行局部莫兰指数检测，将在后续研究中探讨地区间环境保护支出结构与环境污染的相关性。至于为何会出现上述现象，有待进一步分析和研究。

第三节　财政支出规模竞争与环境污染

一、支出竞争的理论假设与计量模型

（一）理论假定

在建设美丽中国的背景之下，环境保护已不再像其他非经济性公共品一样容易被地方政府忽视，而是愈加重视。在中央政府的环保压力下，地方政府既要投入环保资金完成环境治理任务，又要追求经济增长以获得政治晋升资本，这就为地方政府间环境保护支出竞争的出现提供了可能。将2007年以来新增的环境保护支出作为研究对象，观察地方政府间是否存在环境保护方面的支出竞争，以及该竞争对环境产生怎样的影响是有意义且必要的。综上，提出如下研究假设：

研究假设1：为了实现地区经济发展和环境保护的目标，促进经济与环境协调发展，更好地完成政府绩效考核，地方政府越来越重视环境保护及环境保护方面的财政支出，同时也关注其他地区政府的环境保护支出行为，这就使得地方政府间存在环境保护支出竞争。

研究假设2：为贯彻落实中央政府环境保护的方针政策，地方政府环境保护支出采取积极稳妥的原则，地方政府间在环境保护财政支出方面的策略互动主要表现为策略模仿（互补）行为，即模仿相邻地区的支出策略。

研究假设3：在地方政府存在环境保护支出策略模仿行为的前提下，地方政府环境保护支出竞争对地区环境污染表现为正向空间溢出效应，即相邻地区增加环境保护支出有利于改善本地区环境质量。

（二）计量模型与数据

1. 计量模型

观察变量在空间中表现出来的非独立性模式，即某一地区的观察变量与其他地区的观察变量存在显著的相关性，随某地区的变化而变化，就说明该变量存在空间相关性，是事物和现象本身所固有的空间经济属性，是地理空间现象和空间过程的本质属性。在讨论公共财政支出、公共服务供给时，不能孤立、单纯地讨论某个政府行为的意义和价值。因为在财政分权环境下，地方政府间为了争夺有限的资源而展开竞争，此过程必然涉及

地方政府间的互动行为。因此，基于策略互动的视角，分析本地区与相邻地区在环境保护支出和污染物排放方面存在的空间相关性，判定竞争是否存在，继而进一步检验环境保护支出竞争对环境污染的空间溢出效应，最后根据实证研究结果推出结论，同时结合实际情况给出政策建议。实证检验所用模型主要有莫兰指数、局部莫兰指数和空间动态面板杜宾模型。

2. 构建空间动态面板杜宾模型

空间动态面板杜宾模型主要分析被解释变量之间存在的内生交互效应和解释变量之间存在的外生交互效应，不包括干扰项之间存在的交互效应。

$$Yt = \rho WY_t + \alpha\iota_N + X_t\beta + WX_t\theta + \mu_i + \xi_t + u_t \quad (4-2)$$

其中，WY_t是被解释变量之间存在的内生交互效应，WX_t是解释变量之间存在的外生交互效应，ρ是空间自回归系数，β和θ是$K\times1$阶固定且未知的需要估计的参数向量，ι_N是$N\times1$阶单位向量，α是被估计的常数项参数；μ_i是空间特定效应，ξ_t是时间特定效应，W是空间权重矩阵。

3. 变量定义

（1）因变量。通常认为，中国的第二产业与第一和第三产业相比，存在较重的环境污染问题，因此采用生产性污染物（“工业三废”）来度量环境污染，即以工业二氧化硫排放量、工业废水排放量以及工业烟（粉）尘排放量三者作为因变量，并取其自然对数。

（2）自变量。采用人均环境保护支出。为削弱人口规模的影响，保证不同空间单位的可比性，指标人均化，即以各省环境保护支出除以各省人口来计算。

（3）控制变量。除了考虑人均环境保护支出指标外，还要考虑其他会对工业相关污染物排放量造成影响的控制变量。依据现有文献及数据，选取地方政府经济发展水平、城镇化水平、技术水平、贸易开放度、社会固定资产投资、产业结构水平等经济社会因素。其中，地方政府经济发展水平用人均GDP表示，即某地区的GDP除以该地区年末总人口数后再取对数；城镇化水平以城镇人口数量占总人口数量的比重进行衡量；技术水平则选取地区单位GDP的能耗，即以地区万吨标准煤除以地区GDP进行衡量；贸易开放度拟使用各地区进出口贸易总额占当地GDP比重进行衡量；对于社会固定资产投资，国家增加社会固定资产投资额，加大投资建设力度会对环境污染产生一定的影响，因此选用此项作为控制变量，取其对数；目前“工业三废”仍然是中国环境污染的主要来源，第二产业在国民经济中的比重上升会增加工业污染物的排放，加剧环境污染，因此选取第二产业增加值占GDP的比重来表示产业结构水平，详见表4-7。

表 4-7　模型中主要变量名称与说明

变量名称		变量表示形式	变量定义
被解释变量	工业二氧化硫排放量	SO_2	报告期内企业燃料燃烧和生产工艺过程中排入大气的二氧化硫总量的对数
	工业废水排放量	water	报告期内经过企业厂区所有排放口排到企业外部的工业废水总量的对数
	工业烟（粉）尘排放量	smoke	报告期内企业在生产工艺过程中排放的颗粒物（烟粉尘）总重量的对数
解释变量	人均环境保护支出	ex	各省环境保护支出÷各省人口
	地方政府经济发展水平	rgdp	各省级地区的 GDP÷该地区年末总人口数，结果取对数
	城镇化水平	urban	各省级地区城镇人口占总人口的比重
	技术水平	tc	各省级地区万吨标准煤÷该省级地区 GDP
	贸易开放度	open	各省级地区进出口贸易总额占 GDP 的比重
	社会固定资产投资	asset	各省级地区社会固定资产投资额的对数
	产业结构水平	is	各省级地区第二产业增加值占 GDP 的比重

4. 数据来源

鉴于数据的可获得性，基础数据包括中国除西藏、港澳台外的 30 个省、自治区和直辖市，相关数据来源于 2007 ～ 2016 年的《中国统计年鉴》《中国环境年鉴》等。

二、模型识别检验与空间效应分析

（一）空间相关性检验

1. 各省人均环境保护支出空间相关性检测。表 4-8 为 2007 ～ 2016 年全国除西藏、港澳台外的 30 个省、自治区和直辖市人均环境保护支出规模空间相关性的全局莫兰指数检测结果。检测结果显示，从总体上看，2007 ～ 2016 年环境保护支出规模的空间相关指数呈显著正相关，说明相邻省份人均环境保护支出规模存在空间依赖性，证明了人均环境保护支出空间相关性的存在。具体来看，所有指数均大于 0 且小于 1，除 2016 年以外，2007 ～ 2014 年 p 值均小于 0.01，2015 年 p 值小于 0.05，强烈拒绝原假设。这就说明在省级地区人均环境保护支出存在强烈的空间相关性，存在策略模仿行为，地区间存在强烈显著的空间溢出效应，由此验证了此前所做的假设 1 成立。

表 4-8　2007 ～ 2016 年人均环保支出莫兰指数检测结果

年份	变量				
	I	E（I）	sd（I）	z	p-value *
2007	0. 510	-0. 033	0. 119	4. 567	0. 000
2008	0. 486	-0. 033	0. 119	4. 372	0. 000
2009	0. 301	-0. 033	0. 118	2. 830	0. 002
2010	0. 369	-0. 033	0. 117	3. 429	0. 000
2011	0. 332	-0. 033	0. 119	3. 064	0. 001
2012	0. 301	-0. 033	0. 118	2. 820	0. 002
2013	0. 271	-0. 033	0. 116	2. 624	0. 004
2014	0. 300	-0. 033	0. 117	2. 849	0. 002
2015	0. 204	-0. 033	0. 115	2. 057	0. 020
2016	0. 069	-0. 033	0. 115	0. 891	0. 186

根据 2007 ～ 2016 年全国除西藏、港澳台外的 30 个省、自治区和直辖市人均环保支出的局部莫兰指数散点图可见，每一年均有 3 ～ 4 个省级单位集聚在第二象限，即“低值—高值”类型，2 ～ 3 个省级单位集聚在第四象限，即“高值—低值”类型，其余大多数省级单位处于第一象限或第三象限，即“高值—高值”类型或“低值—低值”类型，比如第一象限有宁夏、青海、陕西、甘肃、新疆等省、自治区，第三象限有浙江、江苏、安徽、江西、湖南、湖北等省份，都在地理上相邻，说明相邻地区间存在强烈的依赖性，证明了环境保护支出竞争行为的存在。这与前文全局莫兰指数的检测结果一致，进一步验证了相邻地区存在人均环境保护支出的空间溢出效应，即空间相邻地区存在显著的策略互动行为。

2. 工业二氧化硫、废水、烟（粉）尘排放量空间相关性检验

表 4-9 为全国除西藏、港澳台外的 30 个省、自治区和直辖市工业废水排放量空间相关性的全局莫兰指数检测结果。检测结果显示，从总体上看，2007 ～ 2016 年工业废水排放量的空间相关指数呈显著正相关，说明相邻省份工业废水排放量存在空间依赖性，证明了工业废水排放量空间相关性的存在。具体来看，所有指数均大于 0 且小于 1，p 值小于 0. 05，拒绝原假设。这就说明在省级工业废水排放量竞争中，地理空间相邻地区的相关策略行为对本地区的影响较大，存在强烈的空间相关性，地区间存在

强烈显著的空间溢出效应。

本研究对于工业废水的检测结果与已有文献研究结果类似[①]，同时也符合现实情况，由于工业废水的排放和治理不能完全做到排他性，导致其具有外部性特征，因此存在强烈的空间相关性。在全国除西藏、港澳台外的30个省、自治区和直辖市工业二氧化硫排放量、烟（粉）尘排放量空间相关性的全局莫兰指数检测中，检测结果不明显，空间相关性较弱，因此接下来将只对工业废水排放量进行局部莫兰指数检测以及空间动态面板杜宾模型检测。

表 4-9　工业废水排放量莫兰指数检测结果

年份	变量				
	I	E（I）	sd（I）	z	p-value *
2007	0. 217	-0. 033	0. 115	2. 170	0. 015
2008	0. 210	-0. 033	0. 115	2. 105	0. 018
2009	0. 231	-0. 033	0. 115	2. 303	0. 011
2010	0. 220	-0. 033	0. 114	2. 221	0. 013
2011	0. 213	-0. 033	0. 109	2. 268	0. 012
2012	0. 214	-0. 033	0. 108	2. 301	0. 011
2013	0. 211	-0. 033	0. 108	2. 265	0. 012
2014	0. 219	-0. 033	0. 107	2. 351	0. 009
2015	0. 225	-0. 033	0. 108	2. 384	0. 009
2016	0. 168	-0. 033	0. 114	1. 762	0. 039

对相关性较强的工业废水排放量进行局部莫兰指数检测，得到局部莫兰指数散点图可见，每一年均是海南、贵州2个省级单位集聚在第二象限，即“低值—高值”类型，四川1个省级单位集聚在第四象限，即“高值—低值”类型，其余大多数省级行政区处于第一象限或第三象限，即“高值—高值”类型或“低值—低值”类型，如第一象限有福建、江西、广东、安徽、浙江、江苏、山东、辽宁等省份，第三象限有青海、新疆、宁夏、西藏等省、自治区，都属于在地理上相邻的省级地区，说明相邻地区间存在强烈的依赖性，这与前文全局莫兰指数结果一致，进一步验证了相邻地区存在工业废水排放量的空间溢出效应。

① 潘孝珍：《财政分权与环境污染：基于省级面板数据的分析》，《地方财政研究》2009年第7期。

（二）空间动态面板杜宾模型识别检验

通过豪斯曼假设随机效应的检验失败，选择固定效应。进一步通过 LR 检验，假设 SAR 能够替代 SDM，p 值为 0.000，小于 0.01，结果强烈显著拒绝原假设，表明空间动态面板杜宾模型不会退化为空间滞后模型；假设 SEM 能够替代 SDM，p 值为 0.000，小于 0.01，结果强烈显著拒绝原假设，表明空间动态面板杜宾模型不会退化为空间误差模型。继续用 LR 检验分别对时间固定效应、地区固定效应和时间地区双固定效应进行检验，时间固定效应显著。

（三）空间动态面板杜宾模型的检测结果

通过上述空间相关性检测、豪斯曼检测等对模型的拟合度进行检测，利用全国数据得到如下结果，模型（1）为时间固定效应、模型（2）为地区固定效应、模型（3）为时间地区双固定效应，具体结果如表 4-10 所示。检测结果发现，模型（1）拟合度最好，因此对模型（1）进行分析。

表 4-10　全国空间动态面板杜宾模型检测结果

变量	Y 值		
	模型（1）	模型（2）	模型（3）
x	-4.384***	-0.0176	0.173
	(-23.21)	(-0.09)	(0.91)
人均 GDP	-39.89***	-1.446	0.262
	(-39.36)	(-1.37)	(0.26)
城镇化水平	353.1***	-0.149	20.36***
	(94.34)	(-0.04)	(5.35)
技术水平	1.650***	0.386	2.560***
	(3.67)	(0.74)	(5.12)
贸易开放度	-9.130***	0.155	-0.993*
	(-20.07)	(0.33)	(-2.18)
社会固定资产投资	-13.81***	0.613	0.141
	(-39.53)	(1.69)	(0.40)
产业结构水平	180.3***	-0.373	5.815*
	(77.93)	(-0.15)	(2.49)

续表

变量	Y 值		
	模型（1）	模型（2）	模型（3）
Spatial	2.065***	0.403***	0.393***
rho	(27.21)	(5.12)	(5.08)
Variance	0.0470***	0.0777***	0.0713***
sigma2_ e	(8.52)	(12.88)	(12.93)

注：结果通过 stata14 软件整理得出，括号内为 t 值。* $p < 0.05$，** $p < 0.01$，*** $p < 0.001$。

如表 4-10 模型（1）所示，全国除西藏、港澳台外的 30 个省、自治区和直辖市工业废水排放量受到地理相邻地区人均环境保护支出的影响，存在策略互动行为。首先，因变量时间滞后项系数为-4.384，p 值小于 0.001，存在强烈显著的空间负相关性，说明地理相邻地区人均环境保护支出越多，本地区工业废水排放量越少，进而对改善本地区环境有着显著的积极作用，这其中可能的原因是相邻地方政府加大污水治理力度，往往会引起本地区效仿或攀比，同时本地区也搭上了相邻地区污水治理的便车。

控制变量中，所有控制变量均对因变量（工业废水排放量）产生显著影响，有显著的空间溢出效应。其中，人均 GDP 指数为 -39.89，p 值小于 0.001，与因变量有显著的负相关性，说明相邻地区人均 GDP 对工业污水排放量的增加产生负相关作用，可能的原因是随着经济发展人民对生活环境有了更高的质量要求，从而对地方政府施加了更大的环保压力，促使地方政府加大环保力度。城镇化水平指数为 353.1，p 值小于 0.001，与因变量有显著的正相关性，说明相邻地区城镇化水平对工业污水排放量的增加产生正相关作用，加重了环境污染，可能的原因是城镇化水平的提高促使了相关工业产业发展，从而加大了污染。或者在人口总量不变的情况下，劳动输入地区的城镇人口增长量和增长率都会超过劳动输出地区，从而导致劳动输入地区的能源消耗增加和污染物排放上升，进而影响相邻地区环境。技术水平指数为 1.65，p 值小于 0.001，与因变量有显著的正相关性，说明相邻地区技术水平对工业污水排放量的增加产生正相关作用，加重了环境污染，可能的原因是相邻地区技术水平的提高，导致粗放型或缺乏先进技术的企业迁移至相邻地区，从而影响了其环境质量。

贸易开放度指数为 -9.13，p 值小于 0.001，对因变量产生显著的负相关性，说明相邻地区贸易开放度对工业污水排放量的增加产生负相关作用，减少了环境污染，其中的原因可以推断为随着贸易开放带来的经济发展和人民生活水平的提高，人们对于所处环境质量的要求随之更加快速地提高，即人们对于类似公共服务需求富有弹性，对于高污染的产业转移进行限制，从而有效制约了污染产业，降低了污染物排放量。社会固定资产投资指数为 -13.81，p 值小于 0.001，对因变量产生显著的负相关性，减少了环境污染。产业结构水平指数为 180.3，p 值小于 0.001，与因变量呈显著的正相关性，说明相邻地区第二产业即工业的发展对工业污水排放量的增加产生正相关作用，加重了环境污染，可能原因就是工业规模扩大，进而增加了能源消耗和污染物排放量，从而影响了相邻地区的污染物排放量。

三、支出竞争的环境污染空间效应讨论

基于策略互动的视角，使用 2007 ～ 2016 年中国除西藏、港澳台外的 30 个省、自治区和直辖市相关数据，采用莫兰指数、局部莫兰指数、空间动态面板杜宾模型三种方法，研究了地方政府环境保护支出竞争是否存在及其对环境污染的空间效应，得出如下主要结论：第一，为了响应中央政府环境保护政策，加大环境保护力度，完成政府绩效考核，环境保护已不再像其他非经济性公共品一样容易被忽视，地方政府在环境保护支出方面存在竞争行为，竞争的形式主要是策略模仿行为；第二，地方政府环境保护支出竞争存在正向空间溢出效应，相邻地区地方政府环境保护支出的增加有利于本地区环境污染物排放量的减少，从而降低环境污染；第三，对其他控制变量的检验发现，人均 GDP、贸易开放度、社会固定资产投资与污染物排放呈负相关，表明相邻地区地方政府增加人均 GDP、贸易开放度、社会固定资产投资有利于本地区环境污染物排放量的减少，从而降低环境污染的程度；城镇化水平、技术水平、产业结构水平与污染物排放呈正相关，表明相邻地区地方政府提高城镇化水平、技术水平、产业结构水平不利于本地区环境污染物排放量的减少，反而使得环境污染更加严重。

针对上述结论和当前中国地方政府财政支出竞争与环境污染的现状，需要改变单一的以 GDP 衡量地方政府官员政绩的考核机制，建立经济、生态等多路径的官员晋升激励机制。按照“谁排污谁付费”的原则，提高被过度利用的环境产品税率和价格，明确界定 2018 年开始征收环保税的应税污染物适用问题，充分发挥环保税的绿色生态效应，并探索地方政府环境污染区域协调治理模式。

第五章　财力与支出责任不匹配对环境污染的影响

本章利用全国地级市的经验数据，提出研究假定，构建计量模型，应用财力缺口以及财力与支出责任不匹配程度指标对应财力缺口的相对数额和绝对数额，针对财力与支出责任不匹配对环境污染造成的影响进行实证分析。

第一节　主要环境污染物排放与研究假定

一、主要污染物排放与特征

根据《中国城市统计年鉴》（相应年份）“三废”等数据分析工业废水排放量、工业二氧化硫排放量、工业烟（粉）尘排放量与模型中核心解释变量可知，财力缺口和环境污染排放量之间存在正相关，可以暂时认为随着地方政府财力缺口的扩大，其辖区内的环境污染水平会升高；此外，财力与支出责任不匹配程度则与环境污染水平之间存在负相关，随着财力缺口占总财政支出比例的增加，环境污染水平逐渐下降。

由于环境污染和治理具有明显的外部效应，环境污染和治理需要中央和地方政府共同负责。环境联邦主义理论认为，地方政府对辖区居民需求和偏好更为了解，将环保事权交给地方政府履行有利于提升地方居民福利。对于跨区域的环境污染治理虽然是由中央和地方政府共同负责，但事实上的治理实施主体仍然为地方政府，《中华人民共和国环境保护法》规定地方政府对所辖区的环境质量负责，并赋予地方政府相应的法律责任和权力。

二、“三废”排放变化趋势与特点

首先将讨论地方财政支出、转移支付在环保事权与支出责任偏离影响环境污染中的作用，构建和分析财政分权下环保事权与支出责任偏离对环境污染的影响。若财力缺口加大，财政支出可能被扭曲，这种扭曲可能促使地方政府忽略污染治理，导致污染物排放量上升。特别是进入新时代以来，中央加大推进生态文明建设力度，地方政府更加重视污染防治，使得污染物排放量下降，但是财力和支出责任匹配程度与污染物排放之间的关系有待数据进行实证和回应。

从 2006 ～ 2011 年工业废水排放量、工业二氧化硫排放量、工业烟（粉）尘排放量与模型中核心解释变量散点图，拟直接描绘 2012 年进入新时代之前环境污染特征，突出其与 2012 年开启新时代之后生态文明建设和治理环境的不同。根据变量间的变化趋势，财力缺口和环境污染物排放量之间存在正相关，随着地方政府财力缺口扩大，辖区内污染水平升高；财力与支出责任不匹配程度影响环境污染水平，随着财力缺口占总财政支出比例增加，污染水平逐步降低。

三、财力支出责任不匹配影响环境污染的理论假设

根据上述相关性描述统计，本部分做出如下假设：

理论假设 1：中共十八大以前，财政分权下地方政府事权与支出责任偏离缺口和污染物排放量成正比。

财政分权改变地方政府支出结构并影响环境治理投入和污染水平；财政分权改变中央转移支付强度和方向，并影响地方政府环境投入。经典财政分权理论认为，财政分权强化政府间竞争，在“用脚投票”机制作用下，公共福利会吸引流动性要素，地方政府倾向于强化公共产品支出。但上述经典理论与中国现实有差距，分税制改革使中国财政关系发生变化：中央政府实现“两个比重”提升，但中央和地方政府支出责任并未随之变化，地方政府仍然承担包括教育供给、环境保护等大量支出责任。地方政府公共财政支出与公共财政收入之间出现财力缺口，导致环保投入不足，从而使环境污染程度加剧。

根据 2012 ～ 2016 年工业二氧化硫排放量、工业烟（粉）尘排放量与模型中核心解释变量可以看出，2012 ～ 2016 年污染物的排放量没有随着地方政府财力缺口的增加而增多，个别年份还出现下降趋势，相应地污染物排放量随着财政支出压力的增大而逐步降低，而且降低程度比 2012 年以前更加明显。

理论假设 2：中共十八大以来，中央加强环境治理力度，地方污染物排放量与财力缺口呈负相关，地方政府会倾向于采取行政性手段进行环境

治理。

自中共十八大以来，中央高度重视生态文明建设，2015 年 1 月，《中华人民共和国环境保护法》正式实施，2015 年 10 月，中共十八届五中全会提出“绿色发展”理念，从 2016 年开始，中央开展环保督查和“回头看”，层层分解环境污染治理责任；中共十九大提出“建设美丽中国”战略构想。随后提出“绿水青山就是金山银山”理念。进入新时代以来，中央加大对地方环保考核力度，政府之间的政治锦标赛规则发生变化，地方政府不能再只以促进本地经济发展为主要目标，而是必须同时重视环境治理，地方财力缺口已经不能成为地方政府放松环境治理的理由，由于中央政府环境考核的压力，地方政府会倾向于运用行政强制性手段进行环境污染治理。

理论假设 3：财政分权条件下的地方政府事权与支出责任不匹配程度和污染物排放量成反比。

地方政府的财力与支出责任不匹配程度将影响污染物的排放。地方政府事权与支出责任不匹配程度和污染物排放量呈负相关，由于政绩考核制度的存在，地方政府面临的财政压力越大，越有动力积极地进行环境治理。

为验证以上假设，下文将根据模型，搜集数据进行实证分析。

第二节　财力与支出责任不匹配对环境污染的影响检验

一、财力与支出责任不匹配指标的构建

中国财政分权经历了由“财权与事权匹配”到“财政事权与支出责任匹配”的过程，“财政事权与支出责任匹配”将问题集中于权责划分和界定，为易于操作和切合财政收支实际，将“财政事权与支出责任”细化为“财力与支出责任”，从“财力”层面力求为污染防治提供新视角，分析财力与支出责任匹配与否对环境的影响，重点对“财力”进行关注。

如何从数量上衡量“财力与支出责任匹配”是需要解决的第一个问题。“财力与支出责任不匹配”实际是说地方政府在财力有限的情况下承担着更大的支出责任，因此这个问题可以表述成“财政收入与财政支出的不匹配”，也就可以理解成地方政府所面临的“财力缺口”。“支出责任”可以用财政支出来衡量，因此“财力与支出责任不匹配的程度”可以用财

力缺口占财政支出的比重来表示。本部分用财力缺口（lnrvgap）和其占财政支出的比重（discdegr）作为环境污染水平的核心解释变量，其中财力缺口占财政支出的比重用来衡量地方政府官员面临的财政支出压力的大小，同时也代表了预期的政治考核压力。

二、面板计量模型的设定与变量筛选

根据上述衡量指标进行财力与支出责任内涵模型构建和实验数据整理。本部分选取中国278个地级市2006～2016年的面板数据进行回归分析，数据来自历年《中国城市统计年鉴》等，存在行政区域变化的地级市数据舍弃，对具有时间效应的数据进行了平减处理，并为满足模型要求对个别变量做了相应的形式变换，计量模型采用面板数据回归模型和截面回归模型。

数据处理通过Stata13.0软件实现，面板数据处理中应用了固定效应模型和随机效应模型，对截面数据模型进行回归，考虑到近年来对于地方政府官员来说，生态环境考核要求不断提高，行为激励已经与以前不完全相同，但为了更好地证明本研究提出的激励模式，遂选取合适年份进行验证。

模型中的被解释变量分别为工业废水排放量（water）、工业二氧化硫排放量（SO_2）和工业烟（粉）尘排放量（smoke）。为了避免异方差问题，对三个变量都进行取对数处理。

控制变量有：① 人均GDP（lnpgdp），用来表示经济发展水平。一般来说经济发展水平越高的地区越有可能排放更多的污染物，但由于环境库兹涅茨曲线的存在，也有可能在经济高度发展的地区环境污染程度反而越低。在计算过程中，人口选取地级市辖区内的总人口，GDP数额按照2006年进行平减得到。

② 第二产业GDP占总GDP的比重（secind）。通常第二产业即工业的产值占总产值的比重越大，当地的工业生产企业就越多，相应地污染物的排放量也越大。

③ 人口密度（density）。一个地区的人口密度越大，生产生活活动就越频繁，对能源的需求也越大，相应地企业污染物排放量也会增加。虽然本地企业并不一定供给本地人口，但是人口密度仍然是一个很好的控制人口规模的变量。

④ 外商投资（realFDI）。外商投资是境外资本在国内进行生产活动的主要途径之一。根据"污染天堂"假说，一些跨国公司会将高污染产品的生产环节转移到环境标准较低的国家，这样的标准差异往往导致一些低标准的地区成为高污染、高排放企业的聚集地，由此对当地的环境水平造成

巨大的影响。本研究所使用的外商投资变量为当期外商投资实际使用额，按照当期汇率折算成人民币后再以2006年为基期进行平减得到。

此外，还有一组代表地域差异和财政盈余或赤字的虚拟变量（Dummy），本部分将中国划分出四个地理区域以期发现公共服务的地域性差异。此外，一些城市的“财力缺口”为负数，说明这些城市的财政状况良好，并没有出现财力紧张的情况，本研究通过虚拟变量来考察是否此类城市的环境污染水平与其他城市有显著差异。为此，本研究拟采用以下总体计量模型：

$$Y_{it} = \beta_0 + \beta_1\, lnrvgap_{it} + \beta_2\, discdegr_{it} + \beta_3\, discdegr2_{it} + \beta_4\, lnpgdp_{it} + \beta_5\, secind_{it} + \beta_6\, density_{it} + \beta_7\, realFDI_{it} + \beta_8\, Dumy_{it} + \varepsilon_{it} \quad (5-1)$$

其中i表示独立的样本，t表示年度；Y为表征环境污染水平的变量；β_0为常数项，β_1至β_8为变量的估计系数；ε为随机扰动项。

为了便于解释分析，对其中财力缺口和人均GDP取对数形式。在模型中加入discdegr平方项，这样做的原因是认为财力缺口占总财政支出的比重与污染物排放量之间不是线性的关系，而是U形关系。如前文分析，当财力缺口压力逐渐增大时，财政支出选择被扭曲，但这种扭曲可能促使地方政府官员优先完成能快速体现政绩的项目，例如促进就业或者是增加GDP，而忽略环境污染治理，从而使污染物排放量上升；也可能在环境考核压力增加的近几年，地方政府官员选择更加重视环境污染指标，从而加大治理投入或者行政干预从而使污染物排放量下降，因此财力支出责任不匹配程度与污染物排放量之间的关系还有待经验数据证实。

为确定所假设的财力缺口和财力支出责任不匹配程度对环境水平的影响是否存在，本部分建立面板数据模型进行回归。面板数据拥有时间序列和截面两个维度，相较仅有截面数据而言包含更多信息，此外，由于中国处于发展时期，很多经济变量都存在明显的趋势性，因此使用面板模型可以很好地控制某些趋势带来的影响。

三、实验数据的整理与描述

本研究选取《中国城市统计年鉴》中2006～2016年地级市的相关数据。实证研究所用数据为地市级面板数据，突出反映省内地级市之间的差异。考虑到省内经济社会发展存在差距，用地市级政府面板数据进行分析可以减少偏差。样本去掉新设立、撤销以及相应区划改变的地级市①。此

---

① 主要地级市变化情况是2011年安徽省巢湖撤市，其治下区县分别并入毗邻的合肥、马鞍山、芜湖三地；2011年贵州省撤地设立毕节、铜仁两市；2012年海南省设立三沙市；2013年青海省撤地设立海东市。

外，由于直辖市在经济总量、财政资源的获得、人口、外商投资等方面都远优于地级市，因此在研究中剔除北京、上海、天津、重庆四个直辖市，最终得到278个地级市2006～2016年共计2818个有效样本，其统计描述结果如下：

表5-1　模型中主要变量定义及描述统计说明

变量名（变量表示）		变量定义	均值	标准差	最小值	最大值	观测值
被解释变量	工业废水排放量（water）/万吨	报告期内经过企业厂区所有排放口排到企业外部的工业废水量	7605.904	9763.35	17	91260	2760
	工业二氧化硫排放量(SO_2)/吨	报告期内企业燃料燃烧和生产工艺过程中排入大气的二氧化硫总量	61950.76	59495.77	3	683162	2755
	工业烟（粉）尘排放量（smoke）/吨	报告期内企业生产工艺过程中排放的颗粒物总重量	34556.85	143465.4	34	5168812	2752
解释变量	财力缺口（rvgap）/万元	价格平减后的财政预算支出与财政预算收入的差额	627878.1	768360.5	-4718312	2.08E+07	2776
	财力与支出责任不匹配程度（discdegr）	财力缺口占财政预算支出的比重	0.5196	0.2294	-0.541	0.9456	2776
	经济发展水平（pgdp）/万元	价格平减后的人均GDP	28052.31	26960.09	1570.434	246373.8	2776
	第二产业比重（secind）	GDP中第二产业GDP所占比重	49.4707	11.0416	9	90.97	2774
	人口密度（density）人/平方公里	全市人口（包含市辖区）÷全市土地面积	412.5509	306.8977	4.7	2661.54	2778
	当年外商投资使用额（realFDI）/万元	价格平减及汇率换算后的当年外商投资使用额	336992.4	738975.1	140.48	8803392	2648

注：部分数据按科学计数法显示。

表5-1中的被解释变量包括工业废水排放量、工业二氧化硫排放量和工业烟（粉）尘排放量，解释变量包括财力缺口、财力与支出责任不匹配

程度、经济发展水平、第二产业比重、人口密度和当年外商投资使用额等。涉及的每项观测值在2700个左右，每项数据的最大值与最小值区别明显，根据选取的模型可以进行相应计量。

第三节　实证检验结果与环境污染水平的解释

一、分时段回归结果

本部分将全国278个地级市2006～2016年的面板数据分成2006～2011年和2012～2016年两个时段，分别检验各自时段内财力缺口和财力不匹配程度与三种污染物排放的关系，豪斯曼检验结果显示拒绝随机效应模型，因此选用固定效应模型进行回归，回归结果如表5-2所示。

表5-2　分时段数据回归结果

变量	2006～2011年			2012～2016年		
	(1)	(2)	(3)	(4)	(5)	(6)
	lnwater	$lnSO_2$	lnsmoke	lnwater	$lnSO_2$	lnsmoke
lnrvgap	0.089 (5.15)	0.032*** (1.82)	0.163*** (2.73)	-0.001*** (-5.60)	-0.169*** (-3.73)	-0.199*** (-3.89)
discdegr	-.0561** (-4.28)	-0.431** (-2.14)	-0.583*** (2.38)	-0.822*** (-3.47)	-0.080*** (-0.13)	-0.528*** (-2.71)
$discdegr^2$	0.3211 (0.86)	0.4314 (1.18)	1.5343 (4.54)	0.7452 (1.40)	0.0303 (0.05)	-0.4496 (-0.63)
lnpgdp	-0.029** (-2.01)	-0.327*** (-3.09)	-0.462*** (-4.54)	-0.006 (-0.88)	-0.173*** (-5.23)	-0.151*** (-4.06)
secind	0.003 (1.1)	0.0104*** (0.83)	-0.008* (-1.82)	-6.962 (-0.37)	0.036*** (8.48)	0.0164*** (3.36)
density	0.00002 (0.2)	-0.0002 (-1.56)	0.0001 (-0.9)	0 .0004*** (2.9)	-0.0002 (-1.05)	-0.0001 (-0.064)
RealFDI	-1.27e-07* (-1.68)	-0.0041*** (-5.21)	-2.65e-07** (-2.21)	1.06e-07*** (2.9)	2.50e-07*** (6.34)	1.31e-07*** (2.85)
constant	7.915*** (32.51)	11.731*** (35.47)	15.55*** (29.39)	9.837*** (12.21)	12.769*** (13.83)	13.038*** (12.16)

续表

变量	2006～2011年			2012～2016年		
	(1)	(2)	(3)	(4)	(5)	(6)
	lnwater	$lnSO_2$	lnsmoke	lnwater	$lnSO_2$	lnsmoke
截面数	274	274	274	277	277	277
观测值	1589	1589	1588	1332	1332	1332
F值	52.51	50.07	25.34	18.85	15.35	13.22

注：＊＊＊、＊＊、＊分别表示估计系数在1%、5%、10%的水平上显著；估计系数结果保留到小数点后4位，括号内为t值。

根据表5-2回归结果可知，在2006～2011年，地方政府财力缺口对工业废水排放量不显著，与工业二氧化硫和工业烟（粉）尘排放呈显著的正相关，说明提升地方政府收入是环境治理的重要方面。工业废水排放不显著的原因是地方政府财政收入与支出差额难以真实反映地方政府面临的财政压力，而财力与支出责任不匹配程度能更好地衡量该效应。而2012～2016年的数据回归结果表明，地方政府财力缺口的大小与工业废水、工业二氧化硫和工业烟（粉）尘呈显著的负相关。同时，2006～2016年数据回归结果均表明，财力与支出责任不匹配度与工业废水、工业二氧化硫、工业烟（粉）尘均呈显著负相关，即公共财政支出与公共财政收入的差距占公共支出比重越高，地方政府越会积极提升环境治理水平，降低污染物排放量。

合理解释认为，上级政府的环境质量考核对于下级政府十分重要，环境质量考核并不像基础教育等公共物品那样容易被忽视，如果当某地方政府面临财力支出责任不匹配时，除了提供必要的公共物品以外，在污染防治方面也表现积极。且2012～2016年财力不匹配度与污染物的相关系数比2006～2011年的回归系数的绝对值大，因为中共十八大以来，中央提出绿色发展理念，加强对环境保护的重视程度，实施环保督查“回头看”工作，环境保护指标在对地方政府的考核中越来越重要，甚至具有“一票否决”权，所以在其他方面努力难以奏效的情况下，越是财力缺口严重和面临巨大财政压力的地区，越可能会加大环境治理的程度，以达到中央的考核目标。

模型中discdegr的二次平方项结果系数为正，说明财力与支出责任不匹配的程度与环境污染水平呈非线性关系。模型其他控制变量部分显著，其中人均 GDP 与污染物排放量之间呈负相关，说明地区人均 GDP 越高则污染物排放量越少。这一现象的合理解释是随着居民生活质量的提高，他们对包括生态环境在内的公共服务的要求变高，公众对环保的需求会倒逼地方政府进行环境治理。有文献应用 1994 ～ 2006 年省级面板数据认为，大多数省份财力水平仍处于环境库兹涅茨曲线倒 U 形曲线左半段，它与拐点值相去甚远；本研究表明全国 278 个地级市已跨越环境库兹涅茨曲线拐点，很大程度上已摆脱“先污染后治理”的发展老路。[①] 该判断还可由外商直接投资回归结果证实，模型显示外商直接投资与污染物排放呈显著负相关，即外商直接投资额越高，污染水平越低，说明中国不再是外商眼中的“污染天堂”。另外，第二产业产值占总产值比重越大，工业污染物排放量越多；人口密度与污染水平的关系尚不明确。

二、截面数据和分区域回归结果

对上述数据进行每年截面回归，发现财力缺口、财力与支出责任不匹配程度及有关地域虚拟变量显著性存在明显变化。财力缺口、财力与支出责任不匹配程度对工业废水排放量的影响在 2012 年以前基本不显著，但 2012 年以后显著性增强，东部地区显著性在 2011 年以后明显；财力缺口、财力与支出责任不匹配程度对工业二氧化硫排放量的影响一直存在，东部地区显著性在 2013 年以后消失；财力缺口、财力与支出责任不匹配程度对工业烟（粉）尘排放量的影响在 2012 年以前显著，但在 2012 年之后失去显著性，东部和东北部地区的显著性在 2010 年后消失。

本研究推测，上述变化的发生与中共十八大对生态环境的重视和政府换届推进落实有关。进入新时代以来，党中央和国务院对环境质量提出新的高要求，将生态文明和污染防治摆在更加突出的位置。通过财政调节地方政府行为并促成地方政府财力缺口、财力与支出责任不匹配程度改变并开始影响和改善环境质量，国家重点生态功能区转移支付积极效果在 2012 年之后开始显现。以下为 2015 年截面数据回归结果：

① 李猛：《财政分权与环境污染——对环境库兹涅茨假说的修正》，《经济评论》2009 年第 5 期。

表 5-3　分区域截面数据回归结果

变量	(1) lnwater	(2) lnwater	(3) lnsmoke	(4) lnsmoke	(5) $lnSO_2$	(6) $lnSO_2$
lnrvgap	-0. 5357***	-0. 3897***	-0. 5392	-0. 3045	-0. 628***	-0. 612***
	(-3. 96)	(-2. 76)	(-3. 96)	(-5. 07)	(6. 20)	(6. 13)
discdegr	-2. 1685**	-1. 0967**	-0. 883	-0. 7543	-3. 0937***	-3. 8932***
	(-1. 37)	(-0. 98)	(-0. 61)	(-0. 54)	(-2. 66)	(-2. 34)
$discdegr^2$	0. 7692625	0. 9834	-0. 6293	-0. 7865	1. 6835	1. 8764
	(0. 56)	(0. 98)	(-0. 48)	(-0. 56)	(1. 48)	(1. 65)
lnpgdp	-0. 1830*	-0. 3787***	0. 3003*	0. 4059*	-0. 3752***	-0. 2345***
	(-0. 19)	(-2. 60)	(1. 73)	(1. 89)	(-1. 65)	(-1. 23)
secind	0. 0233***	0. 0314	0. 0116	0. 0453***	0. 0183**	0. 0345**
	(3. 06)	(3. 78)	(1. 11)	(3. 21)	(2. 89)	(3. 34)
density	-0. 0007***	-0. 0009	-0. 0008	-0. 0006	-0. 0001	-0. 0005
	(-3. 01)	(-3. 32)	(-3. 43)	(-3. 32)	(-1. 94)	(-3. 10)
RealFDI	-4. 91e-08	-3. 29e-05***	2. 34e-07	3. 24e-09	-5. 64e-09	-6. 32e-05
	(-0. 19)	(-0. 32)	(0. 43)	(-0. 33)	(-0. 03)	(-0. 09)
east		-0. 7722		-0. 6543**		-0. 4322***
		(-4. 34)		(-3. 13)		(-3. 13)
middle		0. 6543		-0. 7421		-0. 5321
		(2. 34)		(-2. 76)		(-1. 67)
west		1. 2387		-0. 965		-0. 987
		(4. 87)		(-3. 47)		(-3. 57)
constant	0. 9740**	1. 3214***	-0. 1970**	-0. 1865**	-1. 5903	-1. 6785
	(0. 37)	(2. 45)	(-0. 07)	(-0. 89)	(-0. 72)	(-0. 85)
修正的 R^2	0. 2418	0. 2546	0. 2733	0. 3098	0. 2054	0. 1987
F 值	11. 84	12. 43	13. 45	12. 54	8. 57	9. 87
观测值	258	258	258	258	258	258

注：***、**、*分别表示系数在1%、5%、10%的水平上显著。估计系数结果保留到小数点后4位，括号内为t值。

根据表5-3的模型回归结果可以看出，2015年地市级政府的财力缺口与工业废水和工业二氧化硫呈显著的负相关，而且财力与支出责任不匹配程度和三种污染物之间均呈显著的负相关，由此更加验证了本研究假设的合理性。区域因素对环境污染物排放影响显示，东部、中部地级市的工业企业会比西部地级市的工业企业排放更少的二氧化硫和烟（粉）尘，从该角度看，东部地区的工业结构更加合理，更加重视利用技术创新促进经济增长；而西部地区仍然主要以第二产业为主导，对排污和技术创新的重视程度有待提升，如何实现区域协调和资源环境的可持续发展需要深入思考。

从实证结果可以看出，三个环境污染指标之间存在差别。本研究认为构建环境污染指标时还有必要对不同污染指标进行区别对待。讨论环境污染有必要包含更多指标，例如，碳排放、资源消耗、噪声污染、固体废弃物污染、海洋环境污染、水土保持等指标可纳入污染防治指标构建。

三、研究结果与讨论

本部分通过对 2006 ～ 2016 年全国 278 个地级市的数据进行实证检验，发现即使由于财政分权扭曲地方政府行为，环境质量仍然不像基础教育、公共医疗等那样容易被忽视，特别是进入新时代以来，中央和地方政府高度重视环境保护，全国大部分地级市已跨越环境库兹涅茨曲线拐点，污染防治取得了积极成果。

在地域环境污染差异方面，东部地区比中、西部地区排放更少的工业二氧化硫、烟（粉）尘，随着生产工艺升级、清洁生产设备投入等该趋势更加明显。上述结论肯定了环保考核制度在污染防治中的重要作用，同时说明财力是保障地方政府提供公共服务的根本。

为此，以下方面需要进行强化：一是明确界定中央和地方政府事权和支出责任范围，强化地方政府环保事权和支出安排。二是理顺中央和地方的收入划分，完善中央和省级政府的转移支付。中央在一般性转移支付中需要充分考虑污染防治因素，扩大一般性转移支付比重，将环保支出作为财政支出安排的组成部分，将中央转移支付中较大的比例投资于环境、卫生等公共产品，引导地方政府和企业对污染防治进行投入，为地方政府和企业竞争性参与环境保护创造良好条件，以改变地方政府忽视污染防治等短期行为。三是在进行中央和省两级自上而下的转移支付的同时，积极探索区域间生态补偿制度构建，规范区域间生态环境补偿体系，明确补偿范围、对象、方式、标准等，促进区域间经济、生态的均衡和谐发展，努力形成区域间有效的以生态补偿为任务的横向转移支付制度安排。强化对高污染行业的监督与约束，减缓财力支出和污染防治压力。四是建立绿色 GDP 考核机制，增加环保考核指标在地方政绩考核中的比例，对于污染严重的地区，可以评价其环保考核不及格或全面推行环境保护“一票否决”制。

第六章　规范政府间财政竞争，提升环境污染治理水平

治理环境污染需要从技术路线和制度路线着手，其中技术路线主要是对环境污染进行技术处理，比如通过化学手段对受污染水体、土壤进行修复，或者通过工程手段将企业排放的废气进行某些目标污染物的高效率脱除，或者从材料、能源角度入手，研发绿色环保材料、新能源电池等石油产品的替代品。而另一个容易被忽视且理论较为分散的治理维度就是“制度路线”，包括经济制度、税收制度、法律制度等对地方政府、企业等主要利益主体的激励、引导以及约束。所有隐藏在上述制度中能够作用于主要利益主体并对环境质量产生影响的体制设计、规则、政策与法律，均可被视为环境治理的制度路线。有效的环境污染治理既要靠技术进步红利，也要靠规则制定者所带来的制度红利，技术是环境治理的主要动力，而制度则是治理成功的重要保障，二者缺一不可。

遵循制度路线的环境治理主体是政府，即一个中央政府和成百上千个地方政府。具体制定规则和执行政策的是政府官员，地方政府官员的行为往往影响辖区内环境质量。处在不同规则下，面临迥异情况的政府官员往往有着不同的行为激励，这又增加了环境结果输出的复杂性。通过了解地方政府的财政收入状况，可以看清上下级政府间的财政往来、辖区企业的税负水平，以及投入环境治理等项目的各项财政支出。

在建设生态文明和美丽中国的过程中，应该采取财税等综合措施规范财政竞争行为，合理划分各级政府之间的财力、环保事权和支出责任，充分发挥财政因素在地方政府环境治理中的积极作用，财力是保障地方政府提供公共服务的根本，应大力增加地方政府财政收入。从制度着手，减少重叠和交叉管理的部分，将适宜由中央承担的事项划归中央，将保护环境与节能减排动力融入更加有效的制度安排，有效解决财政分权体制下地方政府污染防治和环境治理动力和压力问题，借助《环境保护税法》实施的契机，提高环境污染治理水平，推动经济高质量发展。

第一节　规范地方政府税收与支出竞争行为

环境污染问题与地方政府财政竞争具有联系，规范税收竞争行为和支出竞争行为可以有效降低环境污染水平。在税收竞争中，尤其是需要避免地方政府为了一时经济增长的目的而进行的税收竞争行为，规范已有税收优惠政策，避免为引入生产要素而降低环保标准或放松环境执法力度，同时需要不断增大环境保护投入，加大以环境保护为目的的转移支付力度，提升其生态建设功能。充分利用新的环境保护法实施的机遇，全面推进环境治理法治化进程，将生态文明建设纳入法治轨道。

一、规范税收竞争行为，倡导逐顶竞争

1. 规范地区间的税收竞争行为是改善环境污染治理的重要组成内容。财政体制规范着政府之间财政收入和支出行为的基本职能权限，有效的财政体制有助于缓解各级地方政府的财政行为扭曲，也有助于解决环境保护范畴的市场失灵问题，为改善环境提供有力的制度保障。规范地方税收竞争行为需要财税手段与行政手段配合，引导各区域由税收竞争转向有序合作，由传统的此消彼长的逐底竞争向合作共赢的逐顶竞争迈进。

规范税收优惠及税收竞争行为。中央政府对地方政府的税收竞争行为应予以规范。调整和规范地方政府的税收优惠措施，规范税收优惠管理，对地方出台的不符合法律法规的税收优惠政策和措施进行清理，以制定合理规范的税收政策，规范地区间的税收竞争，纠正以牺牲环境为代价换取经济增长的粗放发展倾向。中央政府要加强对地方政府的环保执法监督与环保技术指导，激励地方政府进行环保制度创新。

提高环境准入门槛，避免地方政府竞相为引进生产要素而展开逐底竞争。地方政府在分税制条件下更加关注 GDP 增长，往往通过税收优惠或者放宽环境标准及降低执法努力程度去吸引资本，相对较少关注环境保护和污染治理问题。中央政府应针对各地区污染及经济发展情况予以相应的政策指导，提高环境准入门槛，严格限制高污染项目。在发展过程中继续调整产业结构。目前中国第二产业的能源消耗是碳排放的主要来源，必须以集约发展为导向转变第二产业发展方式。

2. 全面清理和规范现有税收优惠政策。将以区域税收优惠为主的策略调整为以行业税收优惠为主、区域税收为辅的策略。国家在针对某些地区

实施税收优惠政策时，注意该地区的定位以及不同行业的特点，对行业实施精准优惠。中央政府有必要建立合理的监控体系，根据行业流动性等特征细化行业税收优惠目录，将地方政府税收竞争限定在合理范围之内，结合不同行业特点细化税收优惠目录。

税收竞争主要争夺的是流动性行业，流动性较强的行业会因为税收优惠的存在而在短时间内完成移动，给予流动性较强的行业税收优惠还会引发企业投机行为。目前税收优惠目录一般是大纲指导，主要体现宏观调控意图，政府需要管制的更多的是不规范税收竞争行为，例如，过多、过乱的税收优惠，财政补贴，不断降低的环保标准以及重复建设等。区域间适度税收竞争会促使企业提升税收生产效率①，促使地方政府更为高效地提供公共服务等。

3. 按照"谁污染谁付费"的原则，充分发挥政府积极作用，解决因税收竞争引起的外部效应问题。发生外部效应时，由于私人成本和社会成本往往并不统一，这样的外部效应难以依靠市场机制的内在功能得到解决，需要发挥政府在其中的作用。由于政府和市场行为各自追求的目标存在差异，在追求经济发展和促进环境保护的任务中，两者都各有侧重，即市场以追求效率为主，政府相对强调公平，特别是政府在解决环境污染等外部效应时需要发挥主导作用，通过税收方式筹集相应资金，降低外部污染成本，或采用管制手段加强环境监督和干预，以引导和规范地方政府税收竞争行为。

4. 企业是环境污染物的主要产生者，必须承担相应的社会环境保护责任。企业这一微观经济主体通常根据市场机制独立开展经营活动，在遵守国家环境法规和相关经济政策的条件下获取正常的经济利润，这一过程其实同时承担着相应的社会责任。其中一项就是企业在生产过程中不能将环境污染治理责任转嫁给社会公众和其他行为主体。为了有效降低社会成本和促进居民福利提升，应该大力倡导企业通过内部处理、委托专业机构处理、缴纳排污费等不同的行为方式促进环境污染排放内部化，承担由此引发的负面外部效应，避免负的外部效应影响环境质量，让企业切实承担起应有的社会责任。

二、增加环保支出，加大污染治理投入

1. 进一步完善现行财政转移支付制度，通过建立制度化、规范化、具有导向性的财政转移支付制度，将相应的财政资金投入环境污染治理。政

---

① 即单位税收的产出。

府每年财政支出预算安排中，环保支出应当高于同期财政总收入增长幅度，新增财力应向环保支出倾斜。财政资金中用于环境保护的投资增长速度应该得到持续提升，可以参考全国或当地的经济增长、投资增长和财政收入增长速度进行相应投入，或者对环保投入进行政策性倾斜，并为此建立有效的法律规范和有效的舆论监督，监督和跟踪环境治理资金，包括环境方面的转移支付资金分配、使用和经济效益核算，促使环保支出资金落实于环境污染治理，提高环境保护资金支出效率。①

2. 规范并充分发挥环境保护专项转移支付的作用。环境保护专项转移支付是中央政府为促进环境污染防治，不断提高环境质量，而向地方政府环境保护事务所设立的专项补助发展资金。该专项资金具有特定的设立目的，专项用于污染防治、生态保护等领域。地方政府环境污染防治投入不仅需要中央政府专项转移支付安排，同时规范性的环境保护专项安排也可以发挥环境治理作用。

长期以来，地方政府承担着环境保护的主要事权，包括辖区环境污染防治、环境保护宣传等，需要合理调整中央政府专项转移支付结构，同时对环境保护专项转移支付项目进行分类和整合，以利于资金拨付、使用和考核。促进资源综合利用，增加重大污染防治事项，环保技术研发及推广、跨界污染治理等。

3. 建立以政府为主导的生态补偿机制，体现权责对等理念，引导生态受益地区与保护地区之间、流域上游与下游之间，通过资金补助、产业转移等方式开展利益补偿。引导各方力量统筹运用结构优化、污染治理、生态保护等手段，形成工作合力和联动效应。上下游之间建立起“成本共担、收益共享、合作共治”的环境治理体制，使那些拥有良好生态环境、供给高质量生态产品的区域获得合理补偿，运用经济杠杆助推环境治理和生态保护，形成流域保护和治理长效机制。制定科学的环境补偿机制，整体反映环境质量的破坏成本和修整效率，对利益相关者的关系进行重新调配。通过财政资金精准支持环境保护与绿色发展，解决一般性转移支付不能解决的问题。

4. 优化财政支出结构，提高财政支出的公共性和普惠性，加大污染防治的财政投入力度，打好污染防治攻坚战。加大对节能减排的资金支持力度，支持节能减排建设，推行政府绿色采购。加大污染治理研发投资力度。在环

① 环保投入成为环境治理的重要来源，国际经验表明，环保投入占 GDP 比重为 1.5% 时仅能阻止环境恶化，提高到 2% ～3% 的比重才可能逐步改善环境，中国近年来各地区环保支出占 GDP 比重的平均值仅在 1% ～1.5%。

境治理的过程中，技术进步是降低地方政府治污成本的推动力量，它对于推动跨区域污染的联合防治具有重要的支撑作用。

三、发挥环境保护税等法治治理功能

环境保护税是根据税基的弱流动性、收入的持久性、征管的便利性等确定的地方税税种，北欧一些国家实施环境保护税具有成功的经验，为这些国家环境保护发挥了重要作用。中国实施新的环境保护法规，希望落实地方环保财力，提升环境保护的法治治理功能。自 2018 年 1 月 1 日起中国全面实施《环境保护税法》，它的征收范围含大气污染物、水污染物、固体废物和噪声等常见的环境污染，其征收管理细则和应税污染物适用明确，环境保护税是在现行排污费收费标准基础上设置合理的税率，以平稳实现由排污费到环保税征管的过渡，收费标准等内容与现行排污费一致。随后下发的《关于明确环境保护税应税污染物适用等有关问题的通知》对适用应税污染物、税收减免等进行了细化。征收环境税体现出明显的污染治理目标。

环境保护税征收范围包括通常所说的“三废”，其中，水污染税纳税人为污水排放单位，对排放污水行为进行课征；工业固体废弃物和危险废物也属于征税范围；环境噪声污染税以噪声超标分贝数进行税收计征。相关税收要素如表 6-1 所示。

表 6-1　环境保护税制设计和征收情况

<table>
<tr><th>税收科目</th><th>纳税人</th><th>课税对象</th><th>计税依据</th><th>税收优惠</th></tr>
<tr><td>大气污染物</td><td>向环境排放污染物的单位和个人</td><td>排放二氧化碳、氮氧化合物的环境污染行为和产品</td><td>应税大气污染排放量和浓度</td><td rowspan="4">免税：农业生产排放的应税污染物，流动污染源排放的应税污染物。
税收减半：纳税人排放的应税大气污染物和水污染物浓度低于国家或地方排放标准 50% 以上且未超过污染排放总量控制指标的。</td></tr>
<tr><td>水污染物</td><td>有排放水污染行为的单位和个人</td><td>水污染排放的行为和产品</td><td>水污染物排放种类、排放量和浓度</td></tr>
<tr><td>固体废弃污染物</td><td>向环境排放污染物的单位和个人</td><td>产生固体废弃物的行为和产品</td><td>固体废弃物的体积和类型</td></tr>
<tr><td>噪声</td><td>向环境排放污染物的单位和个人</td><td>产生噪声的行为</td><td>噪声的排放量（超过一定分贝的特殊噪声）</td></tr>
</table>

资料来源：根据相关政策法规整理。

全面推行现行税制绿色化是世界税收制度的发展潮流。绿色化税制要求一个国家所推行的税收制度以环境保护为导向，据此不断调整税收种类以及税收调节的范围，构建起绿色发展理念的税收制度和体系。推行这样的绿色化税制需要以“污染者付费原则”促使环境外部效应内部化，以税收制度确保人口、资源和环境可持续发展。借鉴国外发达国家绿色税收制度建设经验，中国宜采取循序渐进的改革方式，在开征环境保护税的基础上对绿色发展理念进行推广，如对资源节约利用、促进可再生能源建设利用、资源综合循环利用，对污染减排的项目和绿色产品等实施税收优惠。

第二节　合理界定中央和地方政府环保事权和支出责任

中央和地方政府之间的环保事权和支出责任界定对于全面推进污染防治，打赢污染防治攻坚战具有决定性的意义。财政竞争所导致的环境污染问题与中央和地方政府环保事权和支出责任划分不清有关，需要调动中央和地方政府在污染治理中的积极性，合理界定其环保事权和支出责任，让各级政府各司其职，协同配合做好污染治理工作。

一、调动中央和地方政府环境治理积极性

分税制改革并未彻底解决“上下不清，左右不明”“你中有我，我中有你”等长期形成的财政事权与支出责任不清晰、不规范、不合理难题：一是财政事权划分不清晰，缺乏法律规范，地方政府承担的环保事权等财政事权多为中央政府事权的延伸或细化，呈现“上下一般粗”现象。部分财政事权划分不合理，由中央负责的跨流域江河治理、跨地区污染防治等事关国家整体利益和要素自由流动的事务应该由中央完整统领，但地方政府承担了过多的相关事务。二是在财政事权执行过程中出现不规范现象，尤其是有的地方政府在未获得授权的情况下，擅自越权制定减税、免税政策，或者通过先征后返、财政返还等不同方式变相推行税收优惠，人为造成区域间的税收政策洼地，很大程度上影响了地区之间生产要素的自由流动和资源优化配置。三是中央财政事权明显不足，中央政府财政事权弱化。[①]事权履行过度下沉制约市场统一、司法公正和基本公共服务均等化，

① 近年中国中央财政实际支出占比大约在15%左右，中国中央政府支出比例过低。英国、美国和法国均高于50%，经合组织国家平均为46%；中国中央政府公务员占公务员总数的6%，世界平均水平约33%。

影响改革成果。[①]

完善中央和地方的财政分权，合理推进财政分级管理，中国财政分权集中体现了中国特色。[②]推进中央和地方财政事权和支出责任划分过程中，在经济社会管理体制上实施财政分权和分级管理，充分发挥中央和地方各自的积极性，发挥中央和地方政府在环境污染治理方面的积极性需要围绕以下方面展开。

1. 在合理划分中央政府和地方政府各自行政行为的边界基础上创新性地实施分税制度。完善分税制首先需要明确并遵循中央政府和地方政府各自的财政行为和活动边界，地方政府具有理性人的行为特征，中央政府应该为它们提供长远的制度激励，代替当前以财力分成以及转移支付为主体的暂时性财力分享机制，并将相应事项制度化、长期化和法治化。其中，需要赋予地方政府必要的财政管理主体权限，使地方政府承担相应的管理责任，同时接受相应的行政问责和监督约束，实现责任、权利和义务的对等和统一，让财政分级管理的制度设计初衷体现在有效的治理过程中。

优化中央与地方之间的财政收支关系，构建更具可持续性的税收结构，转变地方政府因财政压力而通过降低环境保护标准获取税收收入的动机，使地方政府的支出责任与财政收入相匹配。一方面，调整中央政府赋予地方政府的财权，使其能达到改善环境的目的。改革财税体制，建立新的地方税主体税种，积极构建地方税收体系，改变地方政府围绕增值税和企业所得税展开激烈竞争的态势，丰富地方的税收来源以充实地方税收收入，增加地方政府的可支配财力。另一方面，合理分配地方政府的财政事权，打消地方政府的财政收入顾虑，减轻地方政府的财政压力，增强地方政府加强环境质量监管的信心和决心。

2. 合理区分和有效落实税权的集中统一管理和财权的分级管理、协调问题。单一制国家财税有效治理应该突出以税收立法权为核心的税权管理的高度统一，必要时可以通过制定法律赋予下一层级政府某项税收立法权，具体事项具体授权。而财权在集中统一的条件下，地方政府应该具有相应的财政收支管理权限，以提供相应的公共服务。在明确税权与财权的基础上，需要

---

① 楼继伟：《中国政府间财政关系再思考》，北京：中国财政经济出版社，2013 年，第 287 ～ 292页。

② 知名美国学者兰德在其《中国的分权型威权体制》（2008）中通过中国地方财政支出比重与世界其他 50 多个国家进行比较，它的支出占比最高（远远超过 50%，近年数据维持在 85% 左右），第二位是联邦制的美国地方政府，其州及州以下的地方支出不到 50%。兰德指出如果按照财政支出口径比较，中国是世界上最为分权的国家。

合理划分财政事权和支出责任，这一划分需要让中央政府和地方政府分别明确承担相应的支出责任，尽量减少共享支出责任的事项以及不必要的委托支出责任事项；在合理划分中央和地方财力时，地方政府相应地享有更多的专项收入，减少共享分成收入，改变谈判地位不平等对财力分配的影响；在中央实施财政转移支付时，应该更多地推行一般性转移支付，减少专项转移支付，让地方政府发挥其信息优势，提供包括环境污染治理在内的公共服务。划分财政事权和支出责任总体上是要求财政事权与支出责任相匹配，尽量减少中央对地方政府的委托事务，有效降低委托—代理成本。在成熟的运行条件下，需要以立法的形式将各级政府的财政事权和支出责任予以明确。

3. 通过改革让地方政府由利益主体变为有效的治理主体。在完善分税制的设计方案中，需要将地方政府视为独立的经济利益主体，由于包括国有企业在内的公有制产权改革长期相对滞后，地方政府事实上拥有包括土地等多种公共资源并对其长期行使使用权、占有权和处置权等权益，地方政府不仅是经济利益主体，更需要实事求是地将地方政府作为治理主体，发挥地方财政在其治理现代化中的基础和重要支柱作用，推进地方政府实现责任、权利和义务相统一，既然作为治理主体，则加强和推进行政问责就是水到渠成，也可以同时让地方政府承担起相应的责任。为推进上述权利和义务的有效制衡，可以考虑在各级人民代表大会常务委员会之下设立预算监督管理委员会，专门负责评估、监督相关层级地方政府履行财政事权和支出责任的合规性、有效性和运行绩效，并开展监督管理，对环境治理支出进行有效监督。

二、合理界定中央和地方政府环保事权

政府间环保事权和支出责任划分涉及事权、支出责任、财权和财力等要素。事权为一级政府在履行政府职能，特别是在提供公共服务的过程中承担的职责和义务；支出责任为政府运用财政资金履行事权、满足公共服务的支出义务，即政府履行财政事权的资金支出行为。[①]财权是一级政府为了满足事权或支出责任的需求而筹集财力的权力，包括常见的税权和收费权等，以形

① 相关概念需要进一步明确，国内外学者通常将事权定义为政府的作用、范围、重点、边界，强调权力归属和执行主体，而支出责任是实现事权的成本和费用，当事权对接到财政运行管理环节的预算支出科目时事权就有保证。支出责任是政府事权的细化，划分支出责任是各级政府实现事权的保障，成为财力与事权相匹配的重要前提，是解决政府间支出责任混乱的出路，是完善分税制财政体制的重要举措，事权是前提，支出责任随着事权移动，拥有什么样的事权就要承担什么样的支出责任。

成筹集资金的能力。财力是一级政府可支配的财政资源，包括通过行使财权获得的自筹收入和上级转移支付与税收返还等实际可支配的资金。依据政府间财政事权划分，进行支出责任划分，并反映和体现财政事权划分要求。无论财权还是财力，体现的都是政府自身资源，与为社会提供公共产品和服务、履行事权职能有差别，后者还受到行政效率等因素的影响。

有效的中央与地方财政关系通常具备以下特征：一是中央强大而稳定；二是地方自由且有活力；三是有规范的协调机制。以此来衡量当前中央和地方的财政关系，其矛盾主要表现为事权划分不合理，改革的核心在于解决财政事权和支出责任划分不清，事权与支出责任不匹配问题。需要集中解决现行政府事权界定过程中出现的事权不清晰，市场与政府职能边界划分不明确，为追求经济利益而出现政府越位、为回避某些服务事项而出现政府缺位等难点问题，避免出现职权不清和责任不明的支出格局[①]，需要从以下方面着手。

1. 依据受益范围与效率原则进行财权优化配置。在明确中央和地方政府之间财政事权划分基础上，考虑地方政府所拥有的信息优势，合理界定各级政府之间的支出责任，在此基础上再合理划分财政收入，使中央和地方分别拥有稳定、可预期的收入来源。如果还存在财力不足的情况，再通过转移支付手段调剂上下级政府之间的财力余缺，弥补地方政府在财政事权安排过程中出现的财力缺口，最终实现财政事权与支出责任相匹配，确保财政体制有效运转，其逻辑顺序参见图 6-1。

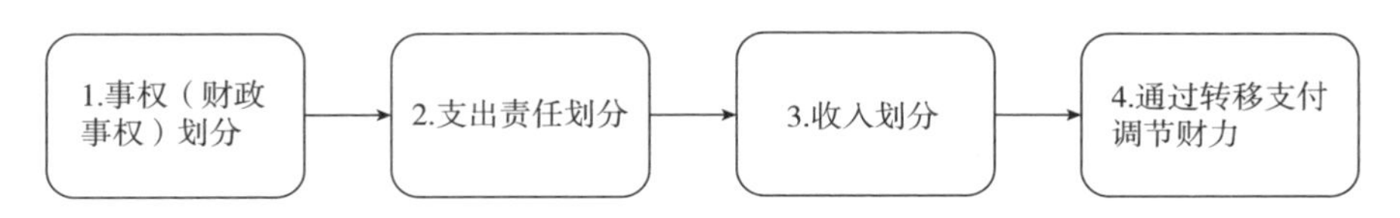

图 6-1　政府间财政事权与支出责任划分逻辑

从目前实行分级财政管理体制国家的运行情况看，由于地方政府存在的多元性和在当地经济社会发展事务中负有较多责任，地方政府实际安排的财政支出占财政总支出的比重通常超过 50%。将重要税源归属于中央也是世界主要国家的实际做法，这使得地方政府财政收支不能完全满足实际需求，大多通过中央对地方的转移支付来解决。根据世界银行 Revenue

---

① 据 IMF 统计数据显示，2007 年，全球大部分国家，特别是单一制国家的中央财政收入占全国财政收入比重保持在 60% 以上，而对于联邦制的美国、澳大利亚和德国，这一比重依次为 56.7%、73.9% 和 65.3%。

Statistics（1965～2000）统计数据显示，发达国家中央政府支出在政府财政支出总额中占有较高比重，统计期间日本、英国、法国、瑞典、德国、美国和加拿大的中央政府支出比重大都分布在40%～80%的支出水平，而中国中央一级财政支出比重近年来大约为15%。

2. 合理划分各级政府环保事权和支出责任。合理划分财政事权是建立科学、规范转移支付制度的前提。在事权的具体划分上，应遵循财权与事权相对应的原则，一级事权必须有一级财权做保证。《关于推进中央与地方财政事权和支出责任划分改革的指导意见》提出划分财政事权的五项指导性原则[①]，其中包括支出责任与财政事权相适应原则，即财政事权与支出责任匹配的原则。那些属于中央政府与地方政府共同承担的财政事权，应根据其基本公共服务的受益区域范围、不同影响程度等情况，划分并确定中央和地方政府相应的支出责任和分担方式。

表6-2 关于推进中央与地方财政事权和支出责任划分的清单

财政事权划分	具体支出责任清单
中央财政事权	国防、外交、国家安全、出入境管理、国防公路、国界、河湖治理、全国性重大传染病防治、全国性大通道、全国性战略性自然资源使用和保护
地市财政事权	社会治安、市政交通、农村公路、城乡社区事务
中央与地方共同财政事权	义务教育、高等教育、科技研发、公共文化、基本养老保险、基本医疗和公共卫生、城乡居民基本医疗保险、就业、粮食安全、跨省（自治区、直辖市）重大基础设施项目和环境保护与治理

资料来源：《国务院关于推进中央与地方财政事权和支出责任划分改革的指导意见》（国发〔2016〕49号），2016。

根据表6-2的权责划分清单，中央财政事权支出责任、地方财政事权

---

① 这些指导性原则是划分各级政府之间财政事权和支出责任的基础，其他四条原则分别为：第一，受益原则。体现国家主权、维护统一市场以及受益范围覆盖全国的基本公共服务由中央负责，地区性基本公共服务由地方负责，跨省（自治区、直辖市）基本公共服务由中央与地方共同负责。第二，发挥信息优势，提升效率原则。发挥地方政府尤其是县级政府组织能力强、贴近基层、获取信息便利的优势，将所需信息量大、信息复杂且获取困难的基本公共服务优先作为地方的财政事权，提高行政效率，降低行政成本。信息比较容易获取和甄别的全国性基本公共服务宜作为中央财政事权。第三，权、责、利相统一原则。适宜由中央承担的财政事权执行权上划，加强中央的财政事权执行能力；适宜由地方承担的财政事权决策权下放，减少中央部门代地方决策的事项，保证地方有效管理区域内事务。明确共同财政事权中中央与地方各自承担的职责，做到财政事权履行权责明确和全过程覆盖。第四，激励地方政府主动作为原则。合理确定地方财政事权，使基本公共服务受益范围与政府管辖区域保持一致，激励地方各级政府尽力做好辖区范围内的基本公共服务提供和保障，避免出现因地方政府不作为或追求局部利益而损害其他地区利益或整体利益的行为。

支出责任类别的划分均符合上述原则，但地方政府支出类别少，纳入中央与地方共同事权类别多。划入中央与地方共同财政事权范围的类别可能出现被泛化，出现转移支付规模过大的问题，需要中央和省级政府积极克服某些可能影响转移支付的因素，促进区域财力均等化和财政收支稳定。

3. 根据以下原则划分中央与地方政府环境保护事权，即环境公共物品层次性划分原则、职能下放原则、政府环境基本公共服务均等化原则。在环境保护事权中，中央政府需要承担以下环境事权：一是承担环境保护宏观调控与统一环境保护规划和管理，统一制定环境法律法规、编制中长期环境规划和跨区域、跨流域重大环境保护规划，提出全国环境质量与污染排放等标准，进行环境污染治理和生态变化监督，实现跨区域环境服务均等化。二是维护国家环境安全，履行国际环境公约等。三是做好环境保护引导，形成中央与地方发挥各自优势的环境保护新格局。

三、落实中央和地方政府环保支出责任

按照已有的划分惯例，通常是拥有地方信息优势，层级较低的地方政府承担较多的支出责任；税种划分很大程度上决定了财力分配，通常具有宏观调控与保持国家政治稳定的目的，中央政府掌握较大财权，这样的事权安排与财权财力划分往往造成地方政府尤其是较低层级政府的事权与财力不匹配，即财政事权过多而与支出责任不匹配，与信息优势原则、受益原则等相悖。为了保证各级政府有效地履行其事权，向人们提供合意的公共服务，需要中央和地方政府之间进行转移支付，通过自上而下的财力转移以平衡各级政府履行财政事权所形成的财政缺口，力求实现各级政府财力与支出责任相匹配。

划分中央与地方政府的环保事权是确定各自支出责任的前提和基础。中共十八届三中全会提出构建现代财政制度需要建立政府间事权和支出责任相匹配的制度设计，这是确定中央与地方政府之间环保事权划分的来源和依据。结合中国现行环境污染治理实际情况，中央与地方政府之间在环境污染治理中的责任划分可以参考表6-3中所提出的划分思路。

表6-3　中央和地方政府环境污染治理主要责任划分

中央政府	地方政府
实施环境立法，建立全国性的环境保护制度，制定全国性环境保护标准，编制中长期环境规划，加强全国性的环境保护事务管理	制定辖区污染治理规划，地区性环保标准的制定和实施，构建地区环保绩效考核体系

续表

中央政府	地方政府
负责全国性重大污染防治事务，包括污染转移、跨界治理工作	辖区内环境污染治理：如废弃物无害化处理；区域性环境保护和改善
负责具有较大外溢性和较强公益性的环境基础设施投资建设，加强重点流域、大气、固体废弃物污染防治的投入	辖区内环境基础设施建设：如污水处理厂、大气质量监测站等
国家环境管理能力建设：对全国环境保护的评估、规划、宏观调控和指导监督；涉及国家环境安全的国际界河保护；加强区域、流域环保工作的协调和监督	地方环境管理能力建设：环境执法、环境监测、环境监督等，提高跨界污染治理能力
组织开展全国性环境科学研究、环境信息发布以及环境宣传教育	辖区内的环境信息公开，环境保护宣传和教育
促进环境公共服务均等化，完善环保专项财政转移支付	强化环保理念，加大污染治理投入的规模，提高污染治理效率

从表6-3中可见，中央政府主要适合于承担全国性环保事务以及相关监督和管理；负责全国性重大环境污染防治事务监管；承担具有外溢性的环境基础建设；推进全国性环境教育与环境技术科学研究；促进全国环境基本公共服务均等化；推进全球气候变化等国际重大环境议题等。地方政府在环保事权上应发挥其信息优势和坚持受益原则，主要负责辖区内外溢性不明显的环保事务，主要包括辖区环保中长期规划、制定具体环保标准、推进污染治理与监督。而跨流域、跨区域具有一定外溢性的环境保护问题适合由中央与地方政府共同负责，明确各自责任和义务，或者以明确的法规条文规定，由中央政府委托下级政府承担具体的支出责任，并以专项转移支付的方式确保其财力。

第三节　建设新型环保问责机制，推进污染防治攻坚

打赢污染防治攻坚战，推进生态文明建设需要充分发挥新条件下“党政同责、一岗双责”的新型环保问责和约谈等“一票否决”制度在政府官员晋升中的重要约束力，将传统以GDP为核心的地方政府官员晋升锦标赛向前推进，创新官员考核办法，发挥公众参与环境污染监督的作用，突出

环境污染治理和生态文明建设在其中的作用，从根源上规范地方政府财政竞争行为。

一、发挥新型环保问责机制对污染防治的作用

进入新时代以来，晋升锦标赛逐步进入以环境保护“党政同责、一岗双责”为主要内容的新的制度环境，这对于财政竞争与环境污染治理具有重要的解释作用，特别是在“党政同责、一岗双责”等严格的问责制度下，地方政府更加重视环境污染治理工作。在国家层面为整合生态环境保护资源而组建了生态环境部。在新时代新的历史条件下，地方政府财政竞争行为必须要考虑“党政同责、一岗双责”等新晋升锦标赛要求。

提升环境保护与治理占政绩考核的权重。以 GDP 为主要内容的政绩考核机制是政府竞争存在的直接原因，政府官员为了追求经济增长和政治晋升，不惜以环境为代价。需要改革单一的政绩考核机制，建立经济与公共服务相统一的政绩考核体系，将环境效益作为关键指标纳入考核体系，建立起经济增长和环境文明相统一的科学考核机制。此外，建立科学的财政效率测算指标体系，将政府财政效率纳入考核体系，使得政府在竞争中不仅关注财政支出绝对数的大小，还要关注财政支出效率，改善环境质量，促进经济文明和生态文明协调发展。

科学合理的政绩考核机制对生态文明的改善非常关键，对地方政府和领导干部的考察评价突出环境保护“指挥棒”作用，不断完善绩效考核办法，改变过去以 GDP 为主要衡量指标的地方政府绩效考核机制，上调资源消耗、环境保护等因素比重。将能源使用效率、环境质量等与生态文明建设相关的指标纳入地方整体发展考核系统，建设反映生态文明要求的约束和激励机制，引导地方政府更好地保护环境。实践证明，进入新时代以来，实施以“党政同责、一岗双责”为核心的环保问责对于环境保护与治理具有重要作用，有必要加强该制度在污染防治中的积极作用。

1. 深化环保约谈和环保问责的公开性。为了继续释放环保约谈制度的政策效果，应进一步提高环保约谈过程的公开性，为公众与媒体参与提供更多渠道，扩展环境执法监督的社会基础权力；鼓励更多主体参与环境治理，政府将更多精力投入环境治理监控过程中；企业应当革新观念，增强社会责任，把环保作为企业未来发展的契机；公众应当不断提高自身环保意识，行使监督权利，维护自身权益。为实现环保价值，政策执行主体应保持互动，促进政策执行网络形成，在信任与沟通的基础上共同致力于环境政策执行，提升环境治理整体水平。

2. 约谈与问责紧密结合。作为督政“利剑”，约谈和量化问责的结合，可以持续传导环保压力，压力到岗，责任到人，同时不让环保约谈和问责变成“运动式”治理行为，将环保约谈和问责变成强化刚性约束，由“约谈—承诺”逐步转向“约谈—问责”，用好量化问责，加强环境执法，落实环境目标责任制度。将约谈后的整改情况纳入干部考核管理体系，与官员政治前途相关联，衔接生态环境损害责任终身追究制，促使环境保护成为地方政府工作常态。

3. 重视预警性约谈。环保约谈以诫勉性约谈为主，还应当注重预警性约谈，使环境执法监督关口前移，从末端治理转向事前防范，逐步改变以往事后补救的消极环境执法监督，形成事前预防的主动执法新形势，提升环境治理水平，减少对生态环境造成新的损害。根据中央环境监测结果，对环境污染治理不力的地方政府负责人进行环保问责，加大对环境污染治理“搭便车”行为的问责，促使各相关地方政府进行环境污染联合防治。

二、强化环境治理水平在政绩考核中的地位

优化地方领导干部绩效考核体系，树立良好的生态环境是最公平的公共产品的理念，明确环境公共品的政府责任，落实各地方政府财政支出中环保支出的比重要求，优先保证重大环境综合整治和生态保护建设项目的资金需求，提高地方节能减排能力。严格落实环境保护主体责任，健全环境责任考核体制，加强对地方政府和领导干部环保指标考核，对环保不力者可以“一票否决”。

健全生态文明建设的政府责任机制，编写各地的自然资源资产负债表，在地方官员离任时进行自然资源资产审计，在审计中准确界定领导干部在自然资源合理开发利用和环境保护方面应承担的经济责任，审计党政领导在目标责任、法规政策、开发保护、财政资金管理及项目建设等方面的履职绩效。建立和落实生态环境损害责任终身追究制，建立健全生态环境损害评估制度，对环境违法案件实行“一案双查”。[①]

构建地方政府环保绩效考核机制，促进地方政府绩效考核体制转型，从单纯追求高经济增长率的考核向更具包容性的综合考核体系转变。为专项转移支付制度设计科学合理的效益评价与考核指标体系。由于具有信息优势，因而进行环境污染治理的主体应该是地方政府，提升环境污染治理

① “一案双查”即严格执行问责机制，既要追究当事人责任，又要倒查追究相关领导责任，包括党委和纪委的责任。这是严格环境执法的体现。

效果需要构建起地方政府环保绩效考核机制，将环境保护纳入地方政府绩效考核，合理设计环境保护考核指标，对地方政府的环保理念、环保过程和环保结果综合考核，并作为衡量地方政府政绩的重要指标，这是提高地方政府污染治理效率的重要途径。在这个过程中，需要推进地方政府环保绩效考核主体多元化。该主体包括上一级主管部门，以及公众、媒体、人大、第三方机构等，由此实现环保绩效考核多元化。

表 6-4　地方政府环境保护考核指标设计

统一考核指标	具体考核指标
将环保指标置于政府绩效考核中的重要位置（比如20%以上，且外加“一票否决制”）	提升环保指标占政府绩效考核指标权重（地区之间可以存在差异）
环境保护法规与部门规章	推进环保保护法规和部门规章的完善和落实
污染物总量和结构控制	“三废”去除率、达标率；“三废”排放强度
环境质量改善	PM2.5浓度下降比例；水质pH值指标改善情况
“三废”综合利用率	“三废”具体指标改善情况
公众满意度	公众满意度提升情况

此外，还需要考虑各个地方不同的资源环境承载能力，以确定地方政府环保指标，比如绩效考核中环境保护指标所占权重、环境保护法规及部门规章完备情况指标，“三废”综合利用率，公众满意度等。各地区也可以根据不同的经济发展水平，设置具体的符合地方政府情况的环保指标。

污染治理指标应该与地方政府环境监管相结合，地方环保部门需要考虑环境污染和治理的区域性、动态性和外溢性特点，制定合理的考核指标。树立经济发展和生态环境保护并重的可持续发展理念，引入绿色GDP发展方式，将环境保护支出作为公共财政支出的重点，把环保成绩作为考核指标之一，保证环保支出总量持续增长，从而促使地方政府扩大环境保护支出规模，实现相邻地区双赢。

三、健全污染联合治理和社会参与监督机制

环境污染治理是一项复杂的系统工程，如果仅仅依靠地方政府自身的财政力量难以达到环境污染彻底有效治理的目标。中国环境管理实施属地化管理原则，就是要求各层级的地方政府应该对所辖区域内的环境污染治

理和环境质量负责，要求采取相应的环境治理措施以改善环境质量。而在涉及跨界污染时，环境属地管理原则难以避免地方保护主义行为，地方政府出于自身短期经济目的往往对环境问题进行越界干预，常常导致跨界和跨流域治理效果不理想。由于中国地区之间存在差异，特别是地理环境的差异要求不同的地方政府进行环境协同治理，这样的协同治理机制需要国家从整体战略出发，地方政府根据国家提出的整体生态环境建设目标和法律行事，整体推进环境保护。这其中，重视广大群众的利益，本着公开透明的原则，及时披露污染信息，及时发布相关环境监测数据，都是形成环境治理合力所必要的。

由于环境污染往往没有边界，环境污染治理存在整体性特征，具有很强的空间溢出效应，各地政府需要联手合作及协同行动，加强沟通，打破行政边界的束缚，建立区域环境治理生态圈，构建包含防范、运行、处置等多方面的环境污染跨界治理机制，引导地区间合理竞争，从而推动区域环境改善，实现共赢。

污染物排放和治理与行政区划存在一定的错位，需要积极推进排污权交易等措施，实现跨区域大气污染的联合防治。中央政府应根据地区污染空间溢出效应和环保支出外溢效应来确定各地区的污染排放责任分担核算体系，从而实现地区间污染治理的有效协调。针对区域环境污染跨界治理，财政环保资金的支出分配要打破边界的束缚，可以尝试建立以京津冀、长三角为主体的财政环保支出机制，形成联防联控的协调发展模式。

畅通民意表达渠道，发挥群众的监督和约束作用。广大群众对环境污染和治理的监督能够在一定程度上弥补政府环境治理决策中的信息劣势，可以有效提高环境治理效率。研究表明，当前中国公众对环境管理的监督并未能发挥其应有的作用，公众监督在环境治理过程中严重缺位。①中国应该加快完善和推广环境听证制度，建设和发展环保领域的非政府组织，作为连接政府与公众的桥梁。完善公众参与环境监督的渠道，引导公众进行环境监管，并建立政府与公众之间的沟通桥梁，促进全社会共同推进生态文明建设。可以利用新兴媒体，建立灵活的民意表达通道，使辖区民意逐步发挥监督和约束作用，起到改善环境质量的作用，促进经济文明和生态文明协调发展。提升环境污染和治理相关信息的透明度和公开性，完善环

---

① 已有相关研究成果较多，代表性观点可以参见黄锡生、张真源：《论环境监测预警制度体系的内在逻辑与结构优化——以“结构—功能”分析方法为进路》，《中国特色社会主义研究》2018 年第 6 期；代杰、王伟伟：《论生态环境保护督察制度的完善》，《中国环境管理》2018 年第 6 期。

境保护投资过程督察与绩效评估，动员社会力量投入事关每个人切身利益的环保事业，发挥群众“用手投票”和“用脚投票”对环境污染行为的匡正作用。

实践证明，国外广泛的公众参与在环境污染治理中起到了有效的监督作用，这些国家由此高度重视并积极引导公众参与环境污染治理，例如，美国环保局积极吸收公众参与环境保护政策制定、实施和监督；日本环保部门及时向民众提供环境污染和治理的全面信息，保护公众在环境保护议题上的知晓权、参与权、监督权等，并在法律上给予公众环境参与权利。中国已经出台有关公众参与环境保护的政策法规，例如《环境保护公众参与暂行办法》等[①]，但是从总体上看，公众参与环境污染治理的立法层次相对较低，公众参与环境污染治理的效果还有提升空间。在建设生态文明的进程中，需要明确公众环境参与的权利和环境保护的义务，畅通公众环保参与渠道，从法律和操作层面保障各类主体参与环境监督的权利和积极性，切实将公众对环境治理的智慧内化于环境保护和治理的全过程。

① 该办法为中华人民共和国环境保护部令第35号，《环境保护公众参与办法》于2015年7月2日由环境保护部部务会议通过，自2015年9月1日起施行。

参考文献

白重恩、杜颖娟、陶志刚、仝月婷：《地方保护主义及产业地区集中度的决定因素和变动趋势》，《经济研究》2004 年第 4 期。

陈宝东、邓晓兰：《财政分权体制下的城市环境污染问题研究——来自中国 73 个城市的经验数据》，《大连理工大学学报（社会科学版）》2015 年第 3 期。

陈工、邓逸群：《中国式分权与环境污染——基于空气质量的省级实证研究》，《厦门大学学报（哲学社会科学版）》2015 年第 4 期。

陈思霞、卢洪友：《公共支出结构与环境质量：中国的经验分析》，《经济评论》2014 年第 1 期。

陈思霞、卢盛峰：《分权增加了民生性财政支出吗？——来自中国“省直管县”的自然实验》，《经济学（季刊）》2014 年第 4 期。

崔亚飞、刘小川：《中国省级税收竞争与环境污染——基于 1998 ～ 2006 年面板数据的分析》，《财经研究》2010 年第 4 期。

邓彦龙：《财政支出结构与环境污染——基于面板门槛模型的实证研究》，《生态经济》2017 年第 8 期。

范子英、田彬彬：《税收竞争、税收执法与企业避税》，《经济研究》2013 年第 9 期。

方红生、张军：《中国地方政府竞争、预算软约束与扩张偏向的财政行为》，《经济研究》2009 年第 12 期。

符淼、黄灼明：《我国经济发展阶段和环境污染的库兹涅茨关系》，《中国工业经济》2008 年第 6 期。

傅勇、张晏：《中国式分权与财政支出结构偏向：为增长而竞争的代价》，《管理世界》2007 年第 3 期。

高宏霞、杨林、付海东：《中国各省经济增长与环境污染关系的研究与预测——基于环境库兹涅茨曲线的实证分析》，《经济学动态》2012 年第 1 期。

葛察忠、王金南、翁智雄、段显明：《环保督政约谈制度探讨》，《环境保护》2015 年第 12 期。

葛夕良：《转轨制国家国内横向资本税竞争的模型分析》，《财经论丛》2006 年第 1 期。

关海玲、张鹏：《财政支出、公共产品供给与环境污染》，《工业技术经济》2013 年第 10 期。

郭杰、李涛：《中国地方政府间税收竞争研究——基于中国省级面板数据的经验证据》，《管理世界》2009 年第 11 期。

郭庆旺、贾俊雪：《地方政府间策略互动行为、财政支出竞争与地区经济增长》，《管理世界》2009 年第 10 期。

郭志仪、郑周胜：《财政分权、晋升激励与环境污染：基于 1997 ～ 2010 年省级面板数据分析》，《西南民族大学学报（人文社会科学版）》2013 年第 3 期。

韩君、孟冬傲：《财政分权对生态环境的空间效应分析——来自省际面板的经验数据》，《财政研究》2018 年第 3 期。

贺俊、刘亮亮、张玉娟：《税收竞争、收入分权与中国环境污染》，《中国人口·资源与环境》2016 年第 4 期。

孔淑红、周甜甜：《我国出口贸易对环境污染的影响及对策》，《国际贸易问题》2012 年第 8 期。

李斌、赵新华：《经济结构、技术进步与环境污染——基于中国工业行业数据的分析》，《财经研究》2011 年第 4 期。

李宏岳：《我国地方政府环保财政支出和环保行为的环境治理效应实证研究》，《经济体制改革》2017 年第 4 期。

李猛：《财政分权与环境污染——对环境库兹涅茨假说的修正》，《经济评论》2009 年第 5 期。

李香菊、赵娜：《税收竞争如何影响环境污染——基于污染物外溢性属性的分析》，《财贸经济》2017 年第 11 期。

李永友、沈坤荣：《辖区间竞争、策略性财政政策与 FDI 增长绩效的区域特征》，《经济研究》2008 年第 5 期。

李正升：《中国式分权竞争与环境治理》，《广东财经大学学报》2014 年第 6 期。

刘建民、王蓓、陈霞：《财政分权对环境污染的非线性效应研究——基于中国 272 个地级市面板数据的 PSTR 模型分析》，《经济学动态》2015 年第 3 期。

刘洁、李文：《中国环境污染与地方政府税收竞争——基于空间面板数据模型的分析》，《中国人口·资源与环境》2013 年第 4 期。

龙小宁、朱艳丽、蔡伟贤、李少民：《基于空间计量模型的中国县级政府间税收竞争的实证分析》，《经济研究》2014 年第 8 期。

楼继伟：《建立现代财政制度》，《中国财政》2014 年第 1 期。

卢洪友、杜亦譞、祁毓：《中国财政支出结构与消费型环境污染：理论模型与实证检验》，《中国人口·资源与环境》2015 年第 10 期。

罗党论、佘国满、陈杰：《经济增长业绩与地方官员晋升的关联性再审视——新理论和基于地级市数据的新证据》，《经济学（季刊）》2015 年第 2 期。

马光荣、杨恩艳：《打到底线的竞争——财政分权、政府目标与公共品的提供》，《经济评论》2010 年第 6 期。

马晓钰、李强谊、郭莹莹：《中国财政分权与环境污染的理论与实证——基于省级静态与动态面板数据模型分析》，《经济经纬》2013 年第 5 期。

彭水军、张文城、曹毅：《贸易开放的结构效应是否加剧了中国的环境污染——基于地级城市动态面板数据的经验证据》，《国际贸易问题》2013 年第 8 期。

皮建才、殷军、周愚：《新形势下中国地方官员的治理效应研究》，《经济研究》2014 年第 10 期。

蒲龙：《税收竞争与环境污染——来自地市级政府的视角》，《现代管理科学》2017 年第 3 期。

钱学锋、黄玖立、黄云湖：《地方政府对集聚租征税了吗？——基于中国地级市企业微观数据的经验研究》，《管理世界》2012 年第 2 期。

乔宝云、范剑勇、冯兴元：《中国的财政分权与小学义务教育》，《中国社会科学》2005 年第 6 期。

屈小娥、袁晓玲：《中国地区能源强度差异及影响因素分析》，《经济学家》2009 年第 9 期。

邵明伟、钟军委、张祥建：《地方政府竞争：税负水平与空间集聚的内生性研究——基于 2000 ～ 2011 年中国省域面板数据的空间联立方程模型》，《财经研究》2015 年第 6 期。

沈坤荣、付文林：《税收竞争、地区博弈及其增长绩效》，《经济研究》2006 年第 6 期。

谭志雄、张阳阳：《财政分权与环境污染关系实证研究》，《中国人口·

资源与环境》2015 年第 4 期。

王凤荣、苗妙：《税收竞争、区域环境与资本跨区流动——基于企业异地并购视角的实证研究》，《经济研究》2015 年第 2 期。

王利：《我国环保行政执法约谈制度探析》，《河南大学学报（社会科学版）》2014 年第 5 期。

王敏、黄滢：《中国的环境污染与经济增长》，《经济学（季刊）》2015 年第 2 期。

王文波：《我国地区税收竞争的理论分析及政策建议》，《涉外税务》2002 年第 9 期。

王亚菲：《公共财政环保投入对环境污染的影响分析》，《财政研究》2011 年第 2 期。

王艺明、张佩、邓可斌：《财政支出结构与环境污染：碳排放的视角》，《财政研究》2014 年第 9 期。

肖容、李阳阳：《财政分权、财政支出与碳排放》，《软科学》2014 年第 4 期。

徐鲲、李晓龙、冉光和：《地方政府竞争对环境污染影响效应的实证研究》，《北京理工大学学报（社会科学版）》2016 年第 1 期。

许和连、邓玉萍：《外商直接投资导致了中国的环境污染吗？——基于中国省际面板数据的空间计量研究》，《管理世界》2012 年第 2 期。

许士春、何正霞：《中国经济增长与环境污染关系的实证分析——来自 1990 ～ 2005 年省级面板数据》，《经济体制改革》2007 年第 4 期。

薛钢、潘孝珍：《财政分权对中国环境污染影响程度的实证分析》，《中国人口 · 资源与环境》2012 年第 1 期。

闫文娟、钟茂初：《中国式财政分权会增加环境污染吗》，《财经论丛》2012 年第 3 期。

阳举谋、曾令鹤：《地区间税收竞争对资本流动的影响分析》，《国际税收》2005 年第 1 期。

杨海生、陈少凌、周永章：《地方政府竞争与环境政策——来自中国省份数据的证据》，《南方经济》2008 年第 6 期。

杨良松、任超然：《省以下财政分权对县乡义务教育的影响——基于支出分权与财政自主性的视角》，《北京大学教育评论》2015 年第 2 期。

杨志勇：《国内税收竞争理论：结合我国现实的分析》，《税务研究》2003 年第 6 期。

杨子晖：《政府规模、政府支出增长与经济增长关系的非线性研究》，

《数量经济技术经济研究》2011 年第 6 期。

姚公安：《横向税收竞争的环境效应研究》，《技术经济与管理研究》2014 年第 12 期。

尹恒、朱虹：《县级财政生产性支出偏向研究》，《中国社会科学》2011 年第 1 期。

余长林、杨惠珍：《分权体制下中国地方政府支出对环境污染的影响——基于中国 287 个城市数据的实证分析》，《财政研究》2016 年第 7 期。

俞雅乖：《我国财政分权与环境质量的关系及其地区特性分析》，《经济学家》2013 年第 9 期。

袁浩然：《中国省级政府间税收竞争策略的实证分析——兼与国内同类研究之比较》，《湖南商学院学报》2011 年第 3 期。

张宏翔、张宁川、许贝贝：《政府竞争、资本投资与公共卫生服务均等化——来自中国 1995 ～ 2012 年地级市的经验证据》，《财政研究》2015 年第 4 期。

张克中、王娟、崔小勇：《财政分权与环境污染：碳排放的视角》，《中国工业经济》2011 年第 10 期。

张欣怡：《财政分权下地方政府行为与环境污染问题研究——基于我国省级面板数据的分析》，《经济问题探索》2015 年第 3 期。

周克清：《我国政府间税收竞争的理论及实践基础》，《财经科学》2003 年第 S1 期。

周黎安：《晋升博弈中政府官员的激励与合作——兼论我国地方保护主义和重复建设问题长期存在的原因》，《经济研究》2004 年第 6 期。

周黎安：《中国地方官员的晋升锦标赛模式研究》，《经济研究》2007 年第 7 期。

踪家峰、杨琦：《分权体制、地方征税努力与环境污染》，《经济科学》2015 年第 2 期。

Maria Rosaria Alfano, Massimo Salzano, 1998: "The effect of public sector on the financial sector: An NN approach in a view of complexity", *Neural Nets WIRN VIETRI-98*, pp. 248-254.

Katherine Baicker, 2005: "The spillover effects of state spending", *Journal of Public Economics*, Vol. 89 (2-3), pp. 529-544.

Robert J. Barro, 1990: "Government spending in a simple model of endogenous growth", *Journal of political economy*, Vol. 98 (5), pp. 103-125.

Ralph M. Braid, 1996: "Symmetric tax competition with multiple jurisdictions in each metropolitan area", *The American Economic Review*, Vol. 86 (5), pp. 1279-1290.

Jan K. Brueckner, 2000: "A Tiebout/Tax-competition model", *Journal of public economics*, Vol. 77 (2), pp. 285-306.

Sam Bucovetsky, John Douglas Wilson, 1991: "Tax competition with two tax instruments", *Regional science and urban Economics*, Vol. 21 (3), pp. 333-350.

Sam Bucovetsky, 1991: "Asymmetric tax competition", *Journal of Urban Economics*, Vol. 30 (2), pp. 167-181.

Reynold E. Carlson, 1941: "Interstate barrier effects of the use tax", *Law and Contemporary Problems*, Vol. 8 (2), pp. 223-233.

Anne C. Case, Harvey S. Rosen, James R. Hines Jr, 1993: "Budget spillovers and fiscal policy interdependence: Evidence from the states", *Journal of public economics*, Vol. 52 (3), pp. 285-307.

Andrew Cliff, Keith Ord, 1972: "Testing for spatial autocorrelation among regression residuals", *Geographical Analysis*, Vol. 4 (3), pp. 267-284.

Dewey D. R., 1925: "The United States: Social and economic development", *Current History*, Vol. 22 (5), pp. 808-810.

Thomas Eichner, 2014: "Endogenizing leadership and tax competition: Externalities and public good provision", *Regional Science and Urban Economics*, Vol. 46, pp. 18-26.

Fabrizio Gilardi , Fabio Wasserfallen, 2016: "How socialization attenuates tax competition", *British Journal of Political Science*, Vol. 46 (1), pp. 45-65.

Andreas Haufler, Ian Wooton, 2010: "Competition for firms in an oligopolistic industry: The impact of economic integration", *Journal of International Economics*, Vol. 80 (2), pp. 239-248.

Walter Hettich, StanleyWiner, 1984: "A positive model of tax structure", *Journal of Public Economics*, Vol. 24 (1), pp. 67-87.

Homer Hoyt, 2000: *One hundred years of land values in Chicago: The relationship of the growth of Chicago to the rise of its land values, 1830-1933*, Beard Books, pp. 69-76.

William H. Hoyt, 1991: "Property taxation, Nash equilibrium, and market power", *Journal of Urban Economics*, Vol. 30 (1), pp. 123–131.

Bernd Huber, 1999: "Tax competition and tax coordination in an optimum income tax model", *Journal of public Economics*, Vol. 71 (3), pp. 441–458.

Michael Keen, Maurice Marchand, 1997: "Fiscal competition and the pattern of public spending", *Journal of Public Economics*, Vol. 66 (1), pp. 33–53.

Mitch Kunce, Jason F. Shogren, 2008: "Efficient decentralized fiscal and environmental policy: A dual purpose Henry George tax", *Ecological Economics*, Vol. 65 (3), pp. 569–573.

Daniel L. Millimet, 2003: "Assessing the empirical impact of environmental federalism", *Journal of Regional Science*, Vol. 43 (4), pp. 711–733.

Jack Mintz, Henry Tulkens, 1986: "Commodity tax competition between member states of a federation: equilibrium and efficiency", *Journal of Public Economics*, Vol. 29 (2), pp. 133–172.

Jesús Mur, Ana Angulo, 2009: "Model selection strategies in a spatial setting: Some additional results", *Regional Science and Urban Economics*, Vol. 39 (2), pp. 200–213.

Wallace E. Oates, 1972: *Fiscal Federalism*, New York: Harcourt Brace Jovanovich, pp. 35–41.

Matthew Potoski, 2001: "Clean air federalism: Do states race to the bottom?", *Public Administration Review*, Vol. 61 (3), pp. 335–342.

Yingyi Qian, Gérard Roland , 1998: "Federalism and the soft budget constraint", *The American Economic Review*, Vol. 88 (5), pp. 1143–1162.

Assaf Razin, Efraim Sadka, 1991: "International tax competition and gains from tax harmonization", *Economics Letters*, Vol. 37 (1), pp. 69–76.

Assaf Razin, Chi – Wa Yuen, 1999: "Optimal International Taxation and Growth Rate Convergence: Tax Competition vs. Coordination", *International Tax and Public Finance*, Vol. 6 (1), pp. 61–78.

Federico Revelli, 2005: "On spatial public finance empirics", *International Tax and Public Finance*, Vol. 12 (4), pp. 475–492.

Wolfram F. Richter, Dietmar Wellisch, 1996: "The provision of local public goods and factors in the presence of firm and household mobility", *Journal of Public Economics*, Vol. 60 (1), pp. 73–93.

Dani Rodrik, Arvind Subramanian, Francesco Trebbi, 2004: "Institutions rule: The primacy of institutions over geography and integration in economic development", *Journal of Economic Growth*, Vol. 9 (2), pp. 131-165.

Andrei Shleifer, 1985: "A theory of yardstick competition", *The Rand Journal of Economics*, Vol. 16 (3), pp. 319-327.

Hilary Sigman, 2007: "Decentralization and environmental quality: an international analysis of water pollution", *National Bureau of Economic Research*, Vol. 90 (1), pp. 114-130.

Ernest H. Smith, 1952: "The federal viewpoint on the Canadian approach to coordination of tax systems", *Proceedings of the Annual Conference on Taxation under the Auspices of the National Tax Association*, Vol. 45 (1952), pp. 291-299.

Charles M. Tiebout, 1956: "A pure theory of local expenditure", *Journal of Political Economy*, Vol. 64 (5), pp. 416-424.

David E. Wildasin, John Douglas Wilson, 1998: "Risky local tax bases: risk-pooling vs. rent-capture", *Journal of Public Economics*, Vol. 69 (2), pp. 229-247.

John D. Wilson, 1986: "A theory of interregional tax competition", *Journal of Urban Economics*, Vol. 19 (3), pp. 296-315.

后　记

感谢全国哲学社会科学工作办公室的立项和资助，感谢五位同行匿名专家提出的建设性修订建议。这些专家具有一流的专业水准、敬业奉献的精神、认真严谨的态度，他们的建议对于修订和完善研究具有指导意义。

我指导的研究生刘栓虎、刘清杰、王圆圆、平易、崔伟、于达等积极参与课题讨论，并有研究成果发表，通过课题研究开启了这些青年才俊关注、发现和研究现实问题之旅。

感谢北京师范大学科研院同志在课题管理等方面提供的热情帮助和周到服务。感谢商务印书馆薛亚娟同志提供的专业出版编辑服务。

随着研究议题的发展变化，特别是限于自身研究水平和能力，本书还有这样或那样的不足，恳请专家和读者不吝赐教，以待笔者日后不断学习和完善。

王华春

2019 年 10 月 22 日